"十二五"高等职业教育计算机类专业规划教材

C 语言程序设计
任务教程

郝玉秀　刘文宏　主　编

孟范立　李　旭　陈小健　副主编

尹春宏　左永文　陈麟珠　参　编

栾学钢　主　审

中国铁道出版社

CHINA RAILWAY PUBLISHING HOUSE

内 容 简 介

本书将 C 语言程序设计的基本知识融入实际任务中，并配以模拟训练，使所学理论运用到实际应用中。本书共分 6 个单元，具体内容包括：初识 C 语言、设计一个简单的计算器、歌咏比赛成绩统计、模拟双色球兑奖程序、图形与动画设计、成绩管理系统。

本书注重培养学生程序设计的基本技能和素养，书中的所有任务都是经过反复推敲提炼而成的，贴近生活，丰富有趣，可以调动学生的积极性，使枯燥的理论学习变得生动有趣，从而达到学好 C 语言的目的。本书的所有程序均在 Turbo C/C++ for windows 集成实验与学习环境下调试运行通过，且随书提供电子课件和源程序，方便教师组织教学和学生自主学习使用。

本书适合作为高职高专院校 C 语言程序设计的教材，也可作为 C 语言程序设计培训教材或自学参考书。

图书在版编目（CIP）数据

C 语言程序设计任务教程 / 郝玉秀，刘文宏主编. —
北京：中国铁道出版社，2015.6 (2016.8重印)
"十二五"高等职业教育计算机类专业规划教材
ISBN 978-7-113-20396-2

Ⅰ. ①C… Ⅱ. ①郝… ②刘… Ⅲ. ①C 语言—程序设
计—高等职业教育—教材 Ⅳ. ①TP312

中国版本图书馆 CIP 数据核字（2015）第 100783 号

书　　名：C 语言程序设计任务教程
作　　者：郝玉秀　刘文宏　主编

策　　划：翟玉峰
责任编辑：翟玉峰　徐盼欣
封面设计：付　巍
封面制作：白　雪
责任校对：汤淑梅
责任印制：李　佳

出版发行：中国铁道出版社（100054，北京市西城区右安门西街 8 号）
网　　址：http:// www.51eds.com
印　　刷：北京市昌平百善印刷厂
版　　次：2015 年 6 月第 1 版　　2016 年 8 月第 2 次印刷
开　　本：787mm×1092mm　1/16　印张：12.5　字数：300 千
印　　数：3 001～5 000册
书　　号：ISBN 978-7-113-20396-2
定　　价：25.00 元

随着计算机技术的不断发展和日益普及，C 语言程序设计成为目前国内外计算机技术基础教育的重要组成部分之一。熟练掌握 C 语言的程序开发技术，是 21 世纪社会对信息技术应用类人才的要求之一。

本书将 C 语言程序设计的基本知识融入实际任务中，以任务为驱动组织内容，每个任务均由任务目标、任务描述、任务分析、背景知识、拓展知识、任务实现、模拟训练 7 个部分组成。本书既具有高等教育层次知识系统性的特点，又具有职业教育类型能力系统性的特点，注重培养学生程序设计的基本技能和基本素养。本书中的所有任务都是经过反复推敲提炼而成的，贴近生活，丰富有趣，可以调动学生的积极性，使枯燥的理论学习变得生动有趣，从而达到学好 C 语言程序设计的目的。

本书在内容编排上注意由简到繁、由浅入深、循序渐进，理论和实际紧密结合，力求通俗易懂、简洁实用，对于 C 语言中过时的、不太常用的知识内容进行了大胆的删除，如条件编译、共用体、联合、typedef 定义、链表等。

本书共分 6 个单元：

第 1 单元为初识 C 语言，主要介绍程序设计的基本概念；C 程序基本结构、程序的开发环境及程序调试方法；算法与算法描述。

第 2 单元通过"设计一个简单的计算器"，引入了 C 语言基本数据类型、运算符和表达式、三种基本结构、函数等基本知识。

第 3 单元通过"歌咏比赛成绩统计"，引入了数组的定义和数组元素的引用、数据查找和排序的实现方法。

第 4 单元通过"模拟双色球兑奖程序"，引入了随机函数和指针的相关知识。

第 5 单元通过"图形与动画设计"，引入了常用的绘图函数的使用方法和动画的实现方法。

第 6 单元通过"成绩管理系统"，引入了结构体、文件等知识，使学生了解管理系统的开发过程和步骤，能设计小型管理系统。

本书中的所有程序均在 Turbo C/C++ for windows 集成实验与学习环境下调试运行通过。读者可到 http://www.51eds.com 下载，方便教师组织教学和学生自主学习。

本书适合作为高职高专院校"C 语言程序设计"课程的教材，对计算机类专业可介绍全部内容，对非计算机专业的公共基础课可省略拓展知识部分。

本书由郝玉秀、刘文宏任主编，孟范立、李旭、陈小健任副主编，尹春宏、左永文、陈麟珠参加编写，栾学钢担任主审。各单元编写分工如下：第 1 单元由刘文宏编写，第 2、6 单元由郝玉秀、孟范立编写，第 3 单元由陈小健、左永文编写、第 4 单元由尹春宏、陈麟珠编写、第 5 单元由李旭编写。

由于编者水平有限，本书中不妥之处在所难免，敬请广大读者批评指正，提出宝贵意见。

编 者

2015 年 3 月

目 录

第1单元

初识 C 语言

学习目标

- 了解程序设计的基本概念;
- 了解 C 语言的发展;
- 掌握程序算法的设计及其表示方法;
- 掌握 C 程序的基本结构;
- 熟悉 C 语言的实验与学习集成环境。

单元描述

认识 C 语言程序的结构及其编辑运行环境,了解程序设计的基本方法和程序算法的设计。

设计分析

要想运用 C 语言进行程序设计,首先要初步认识 C 语言,了解 C 语言程序的基本结构和开发环境,了解程序设计的基本方法。因此,可将本单元分解成以下 3 个任务:

任务 1　了解程序设计的方法;

任务 2　认识 C 语言;

任务 3　设计程序算法。

任务 1　了解程序设计的方法

任务目标

- 了解程序设计的基本概念;
- 了解程序设计的基本方法;
- 了解 C 语言程序设计属于哪种方法。

背景知识

1. 程序设计概念

（1）程序

计算机中的程序是指为解决某一问题而向计算机发出的一连串的操作命令。操作的对象是数据，目的是对数据进行加工处理，以得到想要的结果。利用计算机解题要借助一定的程序设计方法和程序设计语言。

（2）程序设计语言

程序设计语言是程序设计人员和计算机进行信息交流的工具。它遵循一定的规则和形式。程序设计要在一定的语言环境下进行。

程序设计语言分为机器语言、汇编语言和高级语言三种。

① 机器语言：计算机硬件能直接识别和执行的指令系统（用二进制代码表示）。其特点是：占用资源少，运行速度快，效率高；但可读性和可移植性差，不易编写、调试和查错；主要用于编写计算机最底层的核心系统程序。

② 汇编语言：用助记符号（英文单词的缩写）代替机器语言的二进制代码，又称符号式的机器语言。其特点是：较机器语言的可读性、编写效率和质量有所提高，但不能直接被计算机执行，需要有编译系统将其翻译成机器语言才能执行，所以执行效率有所降低，且编程人员必须熟悉计算机的硬件，需记忆的指令繁多，不便于普及。例如，Z80、8086（宏汇编）。

③ 高级语言：用接近自然语言和数学公式的形式编写程序的计算机语言，完全脱离硬件系统，是面向科学计算和实际问题的语言。其特点是：可读性和可移植性好，易于理解和调试修改，但运行效率较汇编语言低。最早的高级语言有 FORTRAN、Pascal、BASIC、C 语言等。

2. 程序设计方法

程序设计方法分为面向过程的结构化程序设计方法和面向对象的程序设计方法两种。

（1）面向过程的结构化程序设计方法

特点：自顶向下、逐步求精。其程序结构是按功能划分为若干个基本模块，这些模块形成一个树状结构；各模块之间的关系尽可能简单，在功能上相对独立；每一模块内部均是由顺序、选择和循环三种基本结构组成；其模块化实现的具体方法是使用函数。

结构化程序设计的不足：

① 以算法为中心，因此功能的多变性和算法的不唯一性增加了程序的维护和测试工作量。

② 把数据和处理数据的过程分离为相互独立的实体。当数据结构变化时，所有相关的处理过程都需要进行相应的修改，程序的可重用性差。

③ 由于图形用户界面的应用，使得软件使用越来越方便，但开发却越来越困难。

（2）面向对象的程序设计方法

它将数据及对数据的操作方法放在一起，作为一个相互依存、不可分离的整体——对象。对同类型对象抽象出其共性，形成类。类中的大多数数据，只能用本类的方法处理。类通过一个简单的外部接口与外界发生关系，对象与对象之间通过消息进行通信。

任务 2　认识 C 语言

任务目标

- 了解 C 语言的发展及 C 语言的特点；
- 掌握 C 程序的基本结构；

● 熟悉 C 程序的开发运行环境。

背景知识

1．C 语言的发展

C 语言是一种面向过程的程序设计语言。其前身是 ALGOL60，1960 年英国剑桥大学和伦敦大学将 ALGOL60 发展成 CPL；1967 年英国剑桥大学的 Martin Richards 将 CPL 改写成 BCPL；1970 年美国贝尔实验室的 Ken Thompson 将 BCPL 修改成 B 语言，并用 B 语言开发了第一个基于高级语言的 UNIX 操作系统；1972 年 Ken Thompson 与开发 UNIX 时的合作者 D.M.Ritchit 一起将 B 语言进行改进推出了 C 语言；1978 年 B.W.Kernighan 和 D.M.Ritchit 合著了著名的 *The C Programming Language* 一书，该书是 C 语言版本的基础；1983 年美国国家标准学会（American National Standards Institute，ANSI）制定了 C 语言标准；1987 年开始实施 ANSI C。

目前，最流行的 C 语言有 Microsoft C（或称 MS C）、Borland Turbo C（或称 Turbo C）、AT&T C。这些 C 语言版本不仅实现了 ANSI C 标准，而且在此基础上各自作了一些扩充，使之更加易用、完美。

2．C 语言的特点

（1）C 语言简洁、紧凑，使用方便、灵活。ANSI C 一共有 32 个关键字（关键字均为小写），9 种控制语句，且程序书写自由，主要用小写字母表示，压缩了一些不必要的成分。

（2）C 语言运算符丰富，一共有 34 种运算符。C 语言把括号、赋值、逗号等都作为运算符处理，可以实现其他高级语言难以实现的运算。

（3）C 语言数据结构类型丰富，支持各种高级语言普遍使用的数据类型，且允许用基本的数据类型构造复杂的数据类型。

（4）C 语言具有强大的图形功能，支持多种显示器和驱动器，且计算功能、逻辑判断功能比较强大。

（5）C 语言允许直接访问物理地址，能进行位（bit）操作，能实现汇编语言的大部分功能，可以直接对硬件进行操作，因此有人把它称为中级语言。

（6）C 语言生成目标代码质量高，程序执行效率高，程序可移植性好。

3．C 程序的基本结构

（1）C 程序的基本结构举例

【例 1-1】求圆的周长和面积。

程序参考代码：

```
#include "stdio.h"
main()
{
    float r,cl,cs;          /*定义三个实型变量*/
    printf("请输入圆的半径:");
    scanf("%f",&r);
    cl=2*3.14159*r;         /*计算周长*/
    cs=3.14159*r*r;         /*计算面积*/
```

```
    printf("圆的周长是: %f\n",cl);
    printf("圆的面积是: %f\n",cs);
}
```

由此程序可以看出，函数是 C 语言程序的基本结构，一个 C 语言程序由一个或者多个函数组成，一个 C 函数由若干条 C 语句构成，一个 C 语句由若干基本单词组成。

C 函数是完成某个整体功能的最小单位，是相对独立的模块。一个 C 语言程序可以包含一个主函数和若干个其他函数。所有 C 函数的结构都包括三个部分：函数名、形式参数和函数体。

说明：

① C 源程序文件是一个文本文件，其扩展名是.c，一个 C 程序除了源程序文件外，还包含其他文件。

② C 程序由注释部分、程序头部分（编译预处理部分）、程序主体部分组成，注释可以出现在主体部分中。

③ 注释部分以//或/*…*/作为标记。

④ 程序主体部分由 n 个（n≥1）函数并列组成，必须且仅能有一个 main()函数。

⑤ 一个应用系统可以包含若干个源程序文件。

（2）C程序的书写格式

① 程序书写格式自由，一行可以写一条或多条语句，一条语句也可以分写在多行上，每条语句以分号 ";" 作为结束标志。

② 用花括号{ }表示程序的层次范围，一个完整的程序模块要用一对{ }括起来。

③ C 程序中的名字（标识符）区分大小写字母。

4. 开发环境与程序调试

C 语言是高级程序语言，用 C 语言编写出来的程序称为 C 语言的源程序，计算机不能直接执行，需要将源程序转换成目标程序（二进制的机器语言程序），由 C 语言的编译系统来完成。C 语言程序的编译、连接过程如图 1-1 所示。

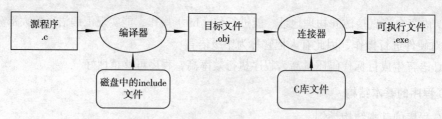

图 1-1　C 语言程序编译、连接过程

目前，C 语言开发环境有很多，主要有 Turbo C、Turbo C/C++ for windows、Visual C++等。C 语言程序可在 DOS 系统或者 Windows 系统下运行使用。

（1）Turbo C 2.0 集成开发环境

Turbo C 2.0 集成开发工具是一个集程序编辑、编译、连接、调试为一体的 C 语言程序开发软件，具有速度快、效率高等优点，但不能很好地支持汉字。

进入 Turbo C 2.0 集成开发环境中后，屏幕上显示 Turbo C 的工作窗口，如图 1-2 所示。

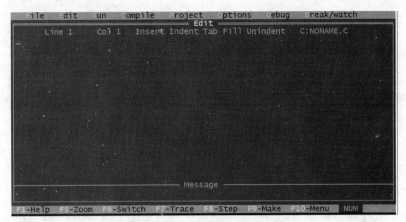

图 1-2   Turbo C 的工作窗口

① 编辑窗口。编辑窗口在主菜单窗口的下面，正上方有"Edit"字样作为标志。编辑窗口的作用是对 Turbo C 源程序进行输入和编辑。源程序都在这个窗口中显示，因而编辑窗口占据了屏幕的大部分面积。

在编辑窗口的上部有一行英文：

Line 1 Col 1 Insert Indent Tab Fill Unindent C: NONAME.C

其用于告诉用户光标当前所在的位置及当前正在编辑的文件名等信息。

② 信息窗口。信息窗口在屏幕的下部，用来显示编译和连接时的有关信息。在信息窗口上方有"Message"字样作为标志。在编辑源程序时不使用此窗口。

③ 功能键提示行。功能键提示行在屏幕最下方（在信息窗口的下面），用于显示一些功能键的作用。

④ 命令菜单。按【F10】功能键，激活主菜单。程序的编辑、编译、调试和运行均可在主菜单的各功能子菜单上完成。由于篇幅有限，这里不再赘述。

（2）Turbo C/C++ for windows 集成开发环境

Turbo C/C++ for windows 集成实验与学习环境（C/C++程序设计学习与实验系统）集成了 C 语言程序开发编译器 Visual C++ 6.0、Turbo C++3.0 和 Turbo C 2.0，为 C 语言的实验教学提供了简单易用的软件实验环境，特别适合初学者。本书的所有程序均在此环境中调试通过。

进入"Turbo C/C++ for windows 集成实验与学习环境"后，屏幕上显示 Turbo C/C++ for windows 的工作窗口，如图 1-3 所示。

① 资源浏览窗口。在资源浏览窗口中，提供了"软件应用问题解答"选项，双击它就可看到该软件的使用帮助信息。同时，还有 C 语言学习方法指导、典型例题分析、典型源程序等大量的学习内容。

② 错误信息窗口。有中文和英文两种错误信息显示窗口。用户可以根据需要进行选择，选择"工具"菜单中的"选项"命令，打开"选项"对话框进行相应设置。另外，在该对话框中还可以设置编译器的类型、默认程序的类型以及"我的程序文件夹"的路径，如图 1-4 所示。

③ 程序编辑窗口。用来编辑源程序，菜单或工具栏上的命令均可在程序编辑窗口使用。

④ 程序的运行。程序编辑好后，可单击工具栏中的"运行"按钮或选择菜单栏中的"运行"命令运行程序，也可直接按【Ctrl+F9】组合键运行程序。

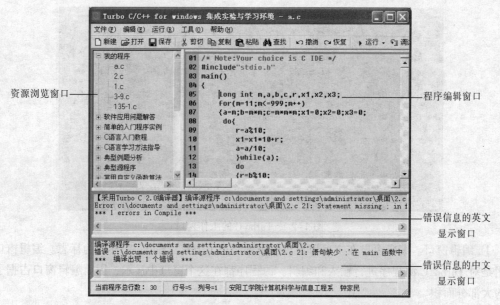

图 1-3 Turbo C/C++ for windows 集成实验与学习环境

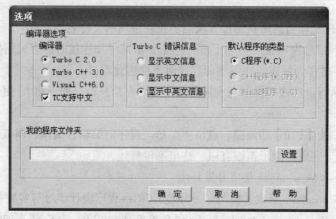

图 1-4 "选项"对话框

（3）Visual C++ 6.0 集成开发环境

Visual C++ 6.0 是微软公司推出的 C++开发工具，是一个基于 Windows 操作系统的可视化集成开发环境，是使用最广泛的开发工具之一。由于 C++支持 C 语言，所以也可作为 C 语言的调试环境。

① 主窗口。Visual C++ 6.0 集成开发环境的主窗口如图 1-5 所示。

a. 工作区窗口。Visual C++ 6.0 以工作区（Project Workspace）的形式组织文件、工程和工程设置。工作区窗口中显示当前正在处理的工程的基本信息，通过窗口下方的选项卡可以使窗口显示出不同类型的信息。

b. 源程序编辑窗口。在源程序编辑窗口进行输入、修改和显示源程序。

c. 输出窗口。在输出窗口显示编译、连接时的信息。

d. 状态栏。在状态栏显示当前操作或选择命令的提示信息。

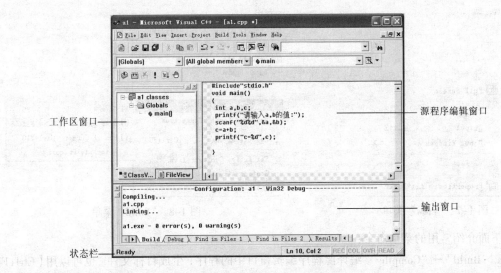

图 1-5　Visual C++ 6.0 集成环境的主窗口

② "File"菜单。"File"菜单包含的主要菜单命令如图 1-6 所示。

下面介绍常用的菜单命令。

a. "File"→"New"。创建一个新的文件、工程或工作区，其中，"Files"选项卡用于创建文件，包括以.cpp 为扩展名的文件；"Projects"选项卡用于创建工程。

b. "File"→"Open"。在源程序编辑窗口中打开一个已经存在的源文件或其他需要编译的文件。

c. "File"→"Close"。关闭在源程序编辑窗口中显示的文件。

d. "File"→"Open Workspace"。打开一个已有工作区文件，实际上就是打开对应工程的一系列文件，准备继续对此工程进行操作。

e. "File"→"Save Workspace"。

将当前打开的工作区的各种信息保存到工作区文件中。

图 1-6　"File"菜单

f. "File"→"Close Workspace"。关闭当前打开的工作区。

g. "File"→"Save"。保存源程序编辑窗口中打开的文件。

h. "File"→"Save As"。将源程序编辑窗口中打开的文件另存到指定的位置。

③ "View"菜单。"View"菜单的主要功能是改变窗口的显示方式、检查源代码、激活调试时所用的各个窗口。"View"菜单包含的主要菜单命令如图 1-7 所示。

下面介绍常用的菜单命令。

a. "View"→"Workspace"。打开、激活工作区窗口。

b. "View"→"Output"。打开、激活输出窗口。

c. "View"→"Debug Windows"。打开、激活调试信息窗口。

④ "Build"菜单。"Build"菜单中命令的主要功能是进行应用程序的编译、连接、调试和运行等，它的菜单项如图 1-8 所示。

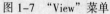

图 1-7 "View"菜单

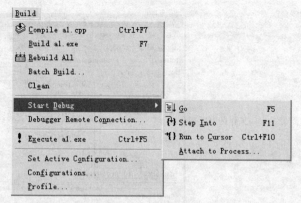

图 1-8 "Build"菜单

下面介绍常用的菜单命令:

a. "Build"→"Compile"。编译源程序编辑窗口中的程序,生成目标文件。也可以用【Ctrl+F7】组合键来完成。

b. "Build"→"Build"。连接生成可执行程序文件,也可以用快捷键【F7】。在连接前,会自动比较源程序文件和目标文件的时间,如果后者时间较晚或不存在,则自动进行编译,然后再进行连接。

c. "Build"→"Start Debug"。启动调试器。

d. "Build"→"Start Debug"→"Go"。开始和继续执行程序。

e. "Build"→"Start Debug"→"Step Into"。单步执行程序。

f. "Build"→"Start Debug"→"Run to Cursor"。运行到光标所在行,也可用【Ctrl+F10】组合键。

g. "Build"→"Execute"。执行程序,也可用【Ctrl+F5】组合键。

h. "Build"→"Rebuild All"。编译和连接工程及资源。

i. "Build"→"Batch Build"。一次编译和连接多个工程。

j. "Build"→"Clean"。删除中间文件和输出文件。

⑤ 在 VC++ 6.0 集成开发环境中开发应用程序的基本步骤。在 VC++ 6.0 集成环境中创建应用程序一般遵循如下步骤:

a. 选择"File"→"New"命令,此时弹出"New"对话框,在对话框中选择"Files"选项卡,该选项卡中列出了一系列可以创建的文件类型,选择"C++ Source File"选项建立源程序文件,如图 1-9 所示。

b. 在源程序编辑窗口中编辑源程序。

c. 选择"Build"→"Start Debug"→"Go"命令或单击工具栏中的"Run"按钮或按【F5】键调试运行程序。

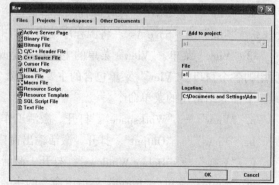

图 1-9 "Files"选项卡

任务 3　设计程序算法

任务目标

- 了解算法的概念和特性；
- 掌握算法的常用表示方法；
- 能进行一般问题的算法设计。

背景知识

通常，一个程序应包括：

（1）对数据的描述：在程序中要指定数据的类型和数据的组织形式，即数据结构（Data Structure）。

（2）对操作的描述：即操作步骤，也就是算法（Algorithm）。

Nikiklaus Wirth 提出的公式：数据结构+算法=程序。

完整地说应为：程序=算法+数据结构+程序设计方法+语言工具和环境。这 4 个方面是一个程序设计人员所应具备的知识。其中算法尤为关键，算法的正确与否决定程序的优劣，所以说算法是程序的灵魂。

1．算法的概念及特性

（1）算法的概念

做任何事情都有一定的步骤。为解决某一个问题而采取的某种方法和步骤称为算法。

（2）算法的特性

算法是对特定问题求解步骤的一种描述，是指令的有限序列，其中每一条指令表示一个或多个操作。算法具有如下特点：

① 有穷性：一个算法应包含有限的操作步骤而不能是无限的。

② 确定性：算法中每一个步骤应当是确定的，而不能是含糊的、模棱两可的。

③ 有效性：算法中每一个步骤应当能有效地执行，并得到确定的结果。

④ 输入：有零个或多个输入。

⑤ 输出：有一个或多个输出。

（3）算法设计的目标

① 正确性：在输入合法的数据时，能在有限的运行时间内，得出正确的结果。

② 可读性：方便阅读和交流。

③ 健壮性：当有非法的数据时，能正确做出反应和处理，不会出现莫名其妙的结果。

④ 高效和低存储性：执行时间短，存储需求低。

2．算法的表示法

算法有 4 种表示法。

（1）自然语言描述法

特点：通俗易懂，但文字冗长，且易出现"歧义性"。

【例 1-2】对一个大于或等于 3 的正整数，判断它是不是一个素数。

算法可表示如下：

S1：输入 n 的值；

S2：i=2；

S3：n 被 i 除，得余数 r；

S4：如果 r=0，表示 n 能被 i 整除，则打印 n "不是素数"，算法结束；否则执行 S5；

S5：i+1→i；

S6：如果 i≤n-1，返回 S3；否则打印 n "是素数"；然后算法结束。

改进：

S6：如果 i≤$\sqrt{n}$，返回 S3；否则打印 n "是素数"；然后算法结束。

（2）几何图形表示法

① ANSI 图表示法。ANSI 图由一些特定意义的图形、流程线及简要的文字说明构成，它能清晰明确地表示程序的运行过程，ANSI 图又称流程图。

特点：直观形象，易于理解。

ANSI 图通常采用以下几种符号表示，如图 1-10 所示。

| 起止框 | 输入/输出框 | 处理框 | 判断框 | 流向线 | 连接点 |

图 1-10　ANSI 图

a. 起止框：表示程序流程的开始或结束。

b. 输入/输出框：表示输入或者输出数据，框内可注明数据名、来源、用途或其他的文字说明。

c. 处理框：表示计算或处理功能，用来执行一个或一组特定的操作，框内可注明处理名或其简化功能。

d. 判断框：表示判断或开关，菱形内可注明判断的条件。它只有一个入口，但可以有若干个可供选择的出口，在对条件求值后，有一个且仅有一个出口被激活。求值结果可在表示出口路径的流线附近写出。

e. 流向线：表示控制流的流线，流线的标准流向是从左到右和从上到下。一般情况下，流线应从符号的左边或顶端进入，并从右边或底端离开，其进出点均应对准符号的中心。

f. 连接点：用于将画在不同位置的流程线连接起来，用圆圈表示，圆圈中标注连接点的序号。用连接点，可以避免流程线的交叉或过长，使流程图清晰。

【例 1-3】求某班某同学三门课程数学（sx）、英语（yy）、计算机（jsj）的总分（zf）。用 ANSI 图表示如图 1-11 所示。

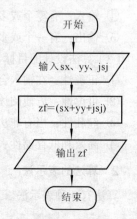

图 1-11　例 1-3 的 ANSI 图

② N-S 图表示法。N-S 图是无线的流程图，它把整个程序写在一个大框图内，这个大框图由若干个小的基本框图构成，N-S 图又称盒图。

特点：取消了流程线，即不允许流程任意转移，只能从上到下顺序进行。

N-S 图分为三种基本结构：顺序结构、选择结构和循环结构，如图 1-12 所示。

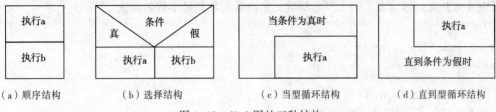

（a）顺序结构　　（b）选择结构　　（c）当型循环结构　　（d）直到型循环结构

图 1-12　N-S 图的三种结构

三种基本结构的共同特点：

① 只有一个入口。

② 只有一个出口。

③ 结构内的每一部分都有机会被执行到。

④ 结构内不存在"死循环"。

对于一般简单的问题用顺序结构或选择结构就能完成，但对复杂问题往往需要用这三种基本结构的相互组合来完成。

对于一个程序设计人员，必须熟悉设计算法，并根据算法写出程序。

【例 1-4】输入 50 个学生的成绩，统计出不及格人数，用 N-S 图表示该算法，如图 1-13 所示。

（3）伪代码表示法

伪代码用一种介于自然语言和计算机语言之间的文字和符号来描述算法。

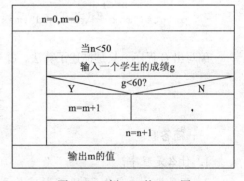

图 1-13　例 1-4 的 N-S 图

【例 1-5】输入 50 个学生的成绩，统计出不及格人数，用伪代码表示该算法。

程序参考伪代码：

```
n=0
m=0
while n less than 50
input g
if g less than 60 then m=m+1
n=n+1
while end
output m
```

伪代码没有统一语法，形式比较灵活，只要能看懂就可以，甚至也可以用文字描述。伪代码与计算机语言比较接近，因此可以很容易地转换成计算机程序。

（4）计算机语言表示法

该表示法用某种计算机语言表示算法，即计算机能够执行的算法。让计算机完成某项任务，也就是用计算机实现算法。计算机无法识别流程图和伪代码，只有用计算机语言编写的程序经过编译系统转换成目标代码（机器语言程序）才能被计算机执行。因此，在用流程图或伪代码描述出一个算法后，还要将它转换成计算机语言程序。用计算机语言表示算法必须遵循所用语言的语法规则。

【例 1-6】用 C 语言表示输入三个整数，求出最大数和最小数的算法。

程序参考代码：

```c
#include "stdio.h"
main()
{
    int a,b,c,max,min;
    printf("input three numbers: ");
    scanf("%d%d%d",&a,&b,&c);
    if(a>b)
    {   max=a;min=b;}
    else
    {   max=b;min=a;}
    if(max<c)
        max=c;
    else
        if(min>c)
            min=c;
    printf("max=%d\nmin=%d",max,min);
}
```

编写出 C 程序，只是描述了算法，并不是实现了算法，只有运行程序才能实现算法。

习　　题

一、简答题

1. 什么是程序？

2. 程序设计语言分几种？C 语言属于哪种？

3. 什么是结构化程序设计方法？

4. 什么是算法？算法有哪些特点？

二、选择题

1. C 语言源程序文件的扩展名为（　　）。

  A．.c   B．.obj   C．.exe   D．.bas

2. C 语言源程序文件经过 C 编译后生成一个扩展名为（　　）的目标文件。

  A．.c   B．.obj   C．.exe   D．.bas

3. C 语言源程序文件经过 C 编译程序编译、连接之后生成一个扩展名为（　　）的可执行文件。

  A．.c   B．.obj   C．.exe   D．.bas

4. C 程序的基本结构单位是（　　）。

  A．文件   B．语句   C．函数   D．表达式

5. C 程序的执行顺序是从（　　　）语句开始执行。

　　A. 第一条语句　　　　B. 主函数　　　　　　C. 一般函数　　　　　　D. 库函数

三、分别用 ANSI 图和 N-S 图描述下列算法

1. $s=1+2+\cdots+n$ 的和。

2. 将三个数据从小到大排序。

3. 求一元二次方程 $ax^2+bx+c = 0$ 的解。

4. 判断某数是否为素数。

第 2 单元

设计一个简单的计算器

学习目标

- 理解和掌握 C 语言基本数据类型的定义、运算符和表达式；
- 掌握顺序、选择和循环三种基本结构以及相关语句；
- 理解函数的定义和调用方法；
- 能进行简单的程序设计。

单元描述

编写一个简单计算器的程序。具体要求如下：

（1）编写一个运算选择菜单，用户通过选择菜单选项执行（+, -, *, /）运算；

（2）计算器菜单可以循环选择执行；

（3）当选择输入"#"时，清屏幕，退出计算器程序。

设计分析

设计一个计算器程序，首先要设计计算器的菜单程序，然后根据用户选择不同的运算符和运算数据，去分别执行相应的运算。因此，可将本单元分解成以下 5 个任务：

任务 1　计算器程序中数据设计和数据运算；

任务 2　计算器程序的菜单显示设计；

任务 3　计算器程序的选择执行设计；

任务 4　计算器程序的循环执行设计；

任务 5　计算器程序的各运算过程模块化处理。

任务 1　计算器程序中数据设计和数据运算

任务目标

- 理解和掌握 C 语言所能处理数据类型及数据类型的表示；
- 掌握 C 语言中的常量、变量的表示方法；
- 理解和掌握 C 语言中的运算符和表达式；
- 会设计实际问题的数据结构。

任务描述

设计计算器程序中的数据和运算，即设计所要处理数据的类型和运算形式。

任务分析

要完成程序中的数据设计和运算，必须先了解 C 语言中所能处理数据的种类及其表示方法，了解数据的表现形式、运算符号及表达式。

背景知识

做饭烧菜先要熟悉并准备柴、米、油、盐、菜、酱、醋等必备材料，学习 C 语言编程也要先熟悉 C 语言所能处理数据的类型、数据的表示形式、运算符、运算规则等必备的基本知识。

1. 数据类型、常量和变量

（1）数据类型

在 C 程序中，所有用到的数据都必须要有明确的数据类型。所谓数据类型就是数据的种类（是整数还是实数等）与大小范围。C 语言可处理的数据类型是十分丰富的，分为基本类型和由基本类型组成的复杂类型两大类，各大类内又包含多种数据类型，如图 2-1 所示。

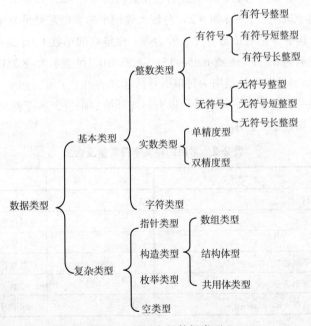

图 2-1　C 语言的数据类型

C 语言的基本数据类型如表 2-1 所示。

表 2-1　C 语言的基本数据类型

基本数据类型	类型标识符	占内存空间（字节）	数值范围
字符型	char	1	C 字符集（0～255）
基本整型	int	2	–32 768～32 767
短整型	short int	2	–32 768～32 767
长整型	long int	4	–2 147 483 648～2 147 483 647
无符号型	unsigned	2	0～65 535
无符号长整型	unsigned long	4	0～4 294 967 295
单精度实型	float	4	$10^{-38}～10^{38}$
双精度实型	double	8	$10^{-308}～10^{308}$

（2）常量和变量

在程序设计语言中，任何数据都是以常量和变量的形式体现的。

① 常量：是指在程序运行过程中，其值始终不变的量。例如，$y=2x+3.5$，其中的 2 和 3.5 就是常量。C 语言的常量分为数值型常量、字符型常量和符号常量三种。

a. 数值型常量。数值型常量分为整型常量（整数）和实型常量两种。

整型常量可以用十进制、八进制和十六进制三种进制表示。十进制数直接书写，如 25；八进制数在数的前边加 0（零），如 025；十六进制数在数的前边加 0x，如 0x25。

实型常量只能用十进制数表示，如 6.25。对较大或较小的实型常量可采用 E 指数形式表示（科学计数法）：nE$\pm m$，其中 n 是数值部分（一般为带一位整数的小数），m 是指数（只能是整数）。例如，6.25×10^{15} 可表示为 6.25E+15 或 6.25e+15；-8.25×10^{-15} 可表示为 –8.25E–15 或 –8.25e–15。

b. 字符型常量。字符型常量是用一对单引号括起来的单个字符，如'a'、'2'。

字符常量中还有一类是转义字符常量，以右斜线开始后跟一个字符表示特殊的含义。常用的转义字符常量及含义如表 2-2 所示。

表 2-2　常用的转义字符常量及含义

转义字符	含义	转义字符	含义
\n	换行	\a	响铃
\r	回车	\\	反斜杠线"\"
\f	换页	\'	单引号符
\t	水平制表位（Tab）	\"	双引号符
\v	垂直制表位	\ddd	1～3 位八进制数所代表的字符
\b	退格符（Backspace）	\xhh	1～4 位十六进制数所代表的字符

字符串常量是用双引号括起来的零个或多个字符，如""（""内没有字符，为空串）、"How are you?"。若字符串本身又包含双引号等特殊字符，则需要用转义字符来实现。例如，"My name is \"Gao Hong\""，表示的字符串是 My name is "Gao Hong"。双引号内所含字符的个数称为字符串的长度，其中转义字符视为一个字符。所以，"My name is\"Gao Hong\""的长度是 20。

字符串常量在存储时除了存储相应的字符外，系统还要自动在字符串的结尾处存放一个结束符'\0'作为结束标志，所以通常根据该字符来判断字符串是否结束。

综上所述，'a'和"a"是有区别的。'a'在内存中占一个字节；而"a"占两个字节，一个字节存放字符，一个字节存放结束符。

字符型数据在内存中存放的不是字符本身，而是存放该字符对应的 ASCII 码值。

程序中用到两种字符：汉字和西文。对应的字符编码也有两种，汉字是 GB 2312—1980 码，西文是 ASCII 码。

ASCII（American Standard Code for Information Interchange）码是美国国家标准信息交换码的简称。其用 7 位二进制数来表示 0～127 之间的 128 个字符编码。常用字符与 ASCII 码对照表见附录 A。程序员不必记住所有的 ASCII 码，但记住常用字符 ASCII 码的规律和几个特殊的 ASCII 码值对以后编程很有帮助。常用字符 ASCII 码的规律如表 2-3 所示。

表 2-3 常用字符 ASCII 码的规律

字　　符	ASCII 码范围（十进制值）
数字（'0'～'9'）	48～57
大写字母（'A'～'Z'）	65～90
小写字母（'a'～'z'）	97～122
空格（sp）	32
回车（cr）	13

c. 符号常量。在 C 语言中，可以用一个标识符来表示一个常量，称为符号常量。符号常量在使用前需要先定义，定义的一般形式为：

```
#define  标识符  常量
```

#define 是一条预处理命令（预处理命令都以“#”开头），称为宏定义命令，其功能是将该标识符定义为其后的常量值。

说明：标识符用来标识变量名、符号常量名、函数名、数组名、类型名、文件名的有效字符序列。

例如：

```
#define  PI  3.1415926
```

注意：符号常量名（如 PI）通常用大写字母表示，以区别于普通的变量。对于以上定义，程序在进行编译预处理时，对出现符号常量名的地方都用常量 3.1415926 来替换。

使用符号常量的好处是：含义清楚，能够做到“一改全改”。

② 变量

a. 变量的要素。在程序运行过程中，其值可以被改变的量称为变量。要从三个方面描述变量：类型、名称、值，即变量的三要素。例如，int x=5;表示变量的名称为 x，类型为整型，当前变量的取值为 5。

变量名：要使用变量，就必须先给变量定义一个合法的名字，C 语言变量的命名遵循标识符的命名规则：标识符由字母、下画线和数字组成，且必须由字母或下画线开头。C 语言的关键字不能用作变量名，尽量做到见名知意。

注意：C语言对英文字母的大小写很敏感，即同一字母的大小写被认为是两个不同的字符。习惯上，变量名和函数名中的英文字母用小写，以增加可读性。

变量值：在程序运行过程中，变量值存储在内存中。在程序中，通过变量名来引用变量的值。

b. 变量的定义与初始化。在 C 语言中，要求对所有用到的变量必须先定义、后使用。定义变量的宗旨是在内存中给变量分配相应的存储单元。在定义变量的同时进行赋初值的操作称为变量初始化。

变量定义的一般格式：

数据类型标识符 变量1[,变量2,…];

其中，类型标识符用来指定变量的数据类型，当有多个变量时，变量间用逗号分隔。

例如：

```
int a,b,c;   /*定义a,b,c均为整型变量*/
float d;     /*定义d为浮点型变量*/
char ch;     /*定义ch为字符型变量*/
```

变量初始化的一般格式：

数据类型标识符 变量1[=初值][,变量2[=初值2],…];

例如：

```
float  r=2.5;
```

2．运算符和表达式

运算符和运算对象按一定的规则结合在一起就构成表达式。表达式也有数据类型。

（1）算术运算符及其表达式

用于进行算术运算的运算符有 7 种，如表 2-4 所示。

表 2-4　算术运算符

运　算　符	含　　义	表达式示例	运 算 级 别	
+	加法运算	a+b	相同	低
-	减法运算	a-b		
*	乘法运算	a*b		
/	除法运算	a/b	相同	
%	求余运算	a%b		
++	自增运算	++a 或 a++	相同	
--	自减运算	--a 或 a--		高

说明：%（求余）就是求两个数相除后的余数，余数的符号取被除数的符号。要求两个操作数据必须为整型，其结果也是整型。

例如：

```
-13%5 /*值为-3*/
13%-5 /*值为3*/
```

"++"和"--"分别完成使变量完成增 1 或减 1 的运算，既可放在变量前也可放在变量后，如++x、x++。单独引用时没有区别，但作为表达式引用时会有不同。

例如：

```
y=++x;  /*等价于 x=x+1; y=x; ——前置运算，先自增后引用*/
y=x++;  /*等价于 y=x; x=x+1; ——后置运算，先引用后自增*/
y=--x;  /*等价于 x=x-1; y=x; ——前置运算，先自减后引用*/
y=x--;  /*等价于 y=x; x=x-1; ——后置运算，先引用后自减*/
```

注意：不能对常量或表达式进行自增或自减的操作，如++5 是错误的。

算术表达式：用算术运算符将常量、变量或函数连接起来所构成的式子。

例如：

```
a+2*b
-b+sqrt(b*b-4*a*c)/(2*a)
2%5
```

表达式值的类型取决于参与运算的操作数类型长（在内存占字节多的类型）的类型。

例如：

```
1/2      /*值为 0*/
1.0/2    /*值为 0.5*/
```

算术运算符中++、--运算级别高于*、/、%。

（2）赋值运算符及其表达式

"="就是赋值运算符（赋值号）。包含赋值运算符的表达式叫做赋值表达式。赋值号的左边只能是变量，而不允许是算术表达式或常量。

例如：

```
a=4;        /*把常量 4 赋给变量 a（正确）*/
b=(a+5)*c;  /*把一个表达式的值赋给变量 b（正确）*/
3+b=6;      /*错误*/
```

当赋值运算符两侧的运算对象的数据类型不同时，系统自动进行类型转换，把赋值运算符右边的数据转换成符号左边的数据类型。

（3）复合运算符及其表达式

赋值运算符和算术运算符组合成为复合赋值运算符。常用的复合运算符如表 2-5 所示。

表 2-5　常用的复合运算符

运　算　符	含　　义	表达式示例
+=	加赋值	a+=b 等价于 a=a+b
-=	减赋值	a-=b 等价于 a=a-b
*=	乘赋值	a*=b 等价于 a=a*b
/=	除赋值	a/=b 等价于 a=a/b
%=	求余赋值	a%=b 等价于 a=a%b

例如：

```
a+=2;   /*等价于 a=a+2*/
```

当复合运算符右侧是一个表达式时，总是先计算这个表达式，再进行复合运算和赋值，通常用在赋值语句。

例如：

```
a*=2+3;  /*等价于 a=a*(2+3)*/
```

复合赋值运算符不但书写简洁，而且产生的代码短，运行速度也快。

（4）关系运算符及其表达式

关系运算符是对两个操作数进行大小关系比较的运算符，其操作结果是"真"或"假"。由于 C 语言中没有逻辑类型的数据，所以通常非零即真，实际上常用整数"1"表示"真"，用"0"表示"假"。C 语言中有 6 种关系运算符，如表 2-6 所示。

表 2-6　关系运算符

运 算 符	含 义	表达式示例	运算级别	
==	等于	a==b	相同	低
!=	不等于	a!=b	相同	
>	大于	a>b	相同	
<	小于	a<b	相同	
>=	大于等于	a>=b	相同	
<=	小于等于	a<=b	相同	高

关系表达式是用关系运算符将操作对象连接起来所构成的式子，操作对象可以是各种表达式。关系表达式的值为"真"或"假"。

例如：

```
5!=4        /*其值为 1（真）*/
a+5>b+3     /*（若 a=2，b=5）其值为 0（假）*/
```

（5）逻辑运算符及其表达式

逻辑运算符是对逻辑量进行操作的运算符。逻辑量只有"真"和"假"两个值，分别用"1"和"0"表示。逻辑运算符有三个，如表 2-7 所示。

表 2-7　逻辑运算符

运 算 符	含 义	表达式示例	运算级别
!	逻辑非，表示否定（条件与结论互斥）	!a	高
&&	逻辑与，表示且（多条件同时成立结论才成立）	a&&b	
||	逻辑或，表示或者（任意一个条件成立结论就成立）	a||b	低

逻辑表达式是用逻辑运算符将操作数连接起来所构成的式子，其操作结果是"真"或"假"。例如：

若 x 为非零，则可描述为：!(x==0)或 x!=0。

若 x 大于 a 且小于 b，则可描述为：x>a&&x<b。

若 x 大于等于 a 或 x 小于等于 b，则可描述为：x>=a||x<=b。

注意：在计算关系表达式的值时，&&、||存在短路规则，即计算机从左向右依次计算关系表达式的值，若计算到某一个关系表达式时已经能够得出整个表达式的值，则不再计算其后的关系表达式。这样可以使计算机计算关系表达式值的速度更快。

例如，设有 int x=0,y=0,z=0，试分析下面表达式中各变量的值。

① ++x||++y&&++z。

因为++x 已经能使整个表达式的值为 1，所以++y 和++z 就不再执行，因此计算结束后 x 的值为 1，y 和 z 的值仍为 0。

② ++x&&++y||++z。

++x 的值为 1，y++的值为 1，左边++x&&++y 的值为 1，则整个表达式的值为 1，故不再执行++z。因此，计算结束后 x、y 的值为 1，z 的值仍为 0。

（6）条件运算符及其表达式

条件运算符 "?:" 是 C 语言中唯一具有三个操作对象的运算符。

语法格式为：

表达式 1?表达式 2：表达式 3

其中，"表达式 1" 通常为关系表达式，"表达式 2" 和 "表达式 3" 为其他表达式。其执行过程是：先计算 "表达式 1"，若其值为 "真"，则计算 "表达式 2"，否则计算 "表达式 3"。用条件运算符构成的表达式称为条件运算表达式，其结果是一个算术值，是 "表达式 2" 或者 "表达式 3" 值之一。

例如：

```
int w=2,x=3,m;
m=(w<x)?w:x;
```

先计算表达式 w<x，其结果为 "真"，则取 w 的值赋给 m，所以 m 的值为 2。

条件运算符还可以嵌套使用，即 "表达式 2" 或 "表达式 3" 又是一个条件运算表达式。

例如：

```
int a=1,b=3,c=5,d=7,e;
e=a>b ? c : c>d ? c :d
```

由于条件运算符的结合规则是右结合，所以要先计算右边的条件运算符表达式，即先计算 c>d?c:d，由于 c>d 的值为 "假"，所以结果为 d 的值 7，然后再计算 a>b?c:7，由于 a>b 的值为 "假"，因此最后结果 e=7。

（7）逗号运算符及其表达式

在 C 语言中 "," 也是一种运算符，称为逗号运算符，运算级别最低。用逗号把 n 个表达式连接起来所构成的表达式称为逗号表达式。

语法格式为：

表达式 1,表达式 2,…,表达式 n

其求值过程是从左至右依次计算各表达式的值，并以最后一个表达式的值作为整个逗号表达式的值。在实际应用时，通常利用左边 n–1 个表达式的值给表达式 n。

例如，a=5,b=a*3,c=a+b，表达式的结果是 20。

也可以利用逗号表达式来给一个变量赋值。

例如，c=(a=5,b=a+3,a*2+b*5)，c 的值是 50。

3. 优先级和结合性

C 语言的表达式中，各运算量参与运算的先后顺序不仅要受运算符优先级的规定，还要受运算符结合性的制约。运算符的运算优先级共分为 15 级。1 级最高，15 级最低，如表 2-8 所示。在表达式中，优先级较高的先于优先级较低的进行运算。而在一个运算量两侧的运算符优先级相同时，则按运算符的结合性所规定的结合方向处理。运算符的结合性是指运算时的运算次序，即从左到右还是从右到左。

运算符要求的操作数个数称为目，运算符分为单目运算符（如++）、双目运算符（如+）、三目运算符（如条件运算符?:）。

表 2-8 C 语言运算符的优先级

优 先 级	运 算 符	运 算 符	结 合 性
1	基本	()、[]、->	自左向右
2	单目	!、~、++、--、+、-、*、&、sizeof	自右向左
3	算术	*、/、%	自左向右
4		+、-	
5	移位	>>、<<	自左向右
6	关系	<、<=、>、>=	自左向右
7		==、!=	
8	位逻辑	&	自左向右
9		^	
10				
11	逻辑	&&	自左向右
12					
13	条件	?:	自右向左
14	赋值	=、+=、-=、*=、/=、%=、|=、^=、&=、>>=、<<=	自右向左
15	逗号	,	自左向右

拓展知识

1. 位操作运算符

C 语言是一种介于汇编语言和高级语言之间的中级语言，因为它可以直接对地址进行运算。所谓位运算，是指进行二进制位的运算，是针对二进制代码进行的。每个二进制位的取值只有 0 或 1。位运算符的操作对象是一个二进制位集合，如一个字节（8 个二进制位即 8 bit）。C 语言提供的位运算符有 6 种，如表 2-9 所示。

表 2-9 位 运 算 符

运 算 符	含 义	表达式示例
~	按位取反	~ a
&	按位与	a&b
		按位或	a|b
^	按位异或	a^b
<<	左移	a<<2
>>	右移	b>>2

（1）按位取反运算符（～）

格式：～表达式

功能：按位取反运算就是将操作数中所有的二进制位全部取反，即"逢 0 变 1，逢 1 变 0"。

例如：十进制数 159，其二进制表示为 10011111，按位取反后变为 01100000，是十进制数 96，所以若执行 x=159;y=～x;后 y 的值为 96。

（2）按位"与"运算符（&）

格式：表达式 1 & 表达式 2

其中："表达式 1"和"表达式 2"是整型表达式。

功能：将"表达式 1"和"表达式 2"的对应位进行与操作。按位与操作的规则是对应的二进制位都是 1 时，则该位结果为 1，否则为 0。相当于乘法运算（两 1 为 1，有 0 则 0）。

例如：15 & 25=9。15 的二进制表示为 00001111，25 的二进制表示为 00011001，相与的结果为 00001001，是十进制的 9。

（3）按位或运算符（|）

格式：表达式 1 | 表达式 2

其中："表达式 1"和"表达式 2"是整型表达式。

功能：将"表达式 1"和"表达式 2"的对应位进行或操作。按位或操作的规则是对应的二进制位都是 0 时，则该位结果为 0，否则为 1。相当于加法运算（两 0 为 0，有 1 则 1）。

例如：15|25=31。15 的二进制表示为 00001111，25 的二进制表示为 00011001，相或的结果为 00011111，是十进制的 31。

（4）按位异或运算符（^）

格式：表达式 1 ^ 表达式 2

功能：将"表达式 1"和"表达式 2"的对应位进行异或操作。按位异或操作的规则是对应的二进制位不同时，则该位结果为 1，否则为 0。即"相同为 0，不同为 1"。相当于不进位加法。

例如：15^25=22。15 的二进制表示为 00001111，25 的二进制表示为 00011001，相异或的结果为 00010110，是十进制的 22。

利用按位异或可使一个数的各二进制位翻转。例如，要使 x 的各位翻转，只需执行如下操作：x=x^11111111;

假设 x 的二进制数为 10110101，则异或后的结果为 01001010。

（5）左移位运算符（<<）

格式：表达式 1 << 表达式 2

功能：将"表达式 1"的值左移"表达式 2"所指定的位数，移出的位舍去，右边补 0，左移几位补几个 0。

例如：x<<2 ;结果是将 x 左移 2 位。假设 x 的值是 25（00011001），则左移 2 位后值为 100（01100100）。

从结果可以看出，左移一位相当于乘以 2，左移两位相当于乘以 4，因此，左移 n 位相当于乘以 2 的 n 次方。

（6）右移运算符（>>）

格式：表达式 1 >> 表达式 2

功能：将"表达式 1"的值右移"表达式 2"所指定的位数，移出的位舍去，左边补 0，右移几位补几个 0。

例如：x>>2 ;结果是将 x 右移 2 位。假设 x 的值是 64（01000000），则右移 2 位后值为 16（00010000）。

右移一位相当于除以 2，右移两位相当于除以 4，因此，右移 n 位相当于除以 2 的 n 次方。

2. 数据类型的转换

变量的数据类型是可以转换的。转换的方法有两种，一种是自动转换，一种是强制转换。

（1）自动转换

自动转换发生在不同数据类型的量混合运算时，由编译系统自动完成。自动转换遵循以下规则：

① 若参与运算量的类型不同，则先转换成同一类型，然后进行运算。

② 转换按数据长度增加的方向进行，以保证精度不降低。例如，int 型和 long 型运算时，先把 int 型转成 long 型后再进行运算。

③ 所有的浮点运算都是以双精度进行的，即使仅含 float 单精度量运算的表达式，也要先转换成 double 型，再进行运算。

④ char 型和 short 型参与运算时，必须先转换成 int 型。

⑤ 在赋值运算中，赋值号两边量的数据类型不同时，赋值号右边量的类型将转换为左边量的类型。如果右边量的数据类型长度比左边长，则将丢失一部分数据，这样会降低精度，丢失的部分按四舍五入向前舍入。

图 2-2 所示为数据类型自动转换的规则。

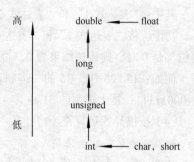

图 2-2　数据类型自动转换规则

【例 2-1】计算半径为 5 的圆的面积。

程序参考代码：

```
#include "stdio.h"
#define  PI 3.14159
main()
{
  int ss,ri=5;
  ss=ri*ri*PI;
  printf("ss=%d\n",ss);
}
```

运行结果：

ss=78

说明：本例程序中，PI 为实型，ss、ri 为整型。在执行 ss=ri*ri*PI;语句时，ri 和 PI 都自动转换成 double 型计算，结果也为 double 型。但由于 ss 为整型，故赋值结果仍为整型，舍去了小数部分。

（2）强制转换

强制类型转换是通过类型转换运算来实现的。

其一般形式为：

（类型标识符）（表达式）

其功能是把表达式的运算结果强制转换成类型标识符所表示的类型。

例如：

```
(float) a          /*把 a 转换为实型*/
(int) (b+c)        /*把 b+c 的结果转换为整型*/
```

在使用强制转换时应注意以下问题：

① 类型标识符和表达式都必须加括号（单个变量可以不加括号），如把(int) (b+c)写成(int) b+c 则成为把 b 转换成 int 型之后再与 c 相加。

② 无论是强制转换还是自动转换，都只是为了本次运算的需要而对变量的数据长度进行的临时性转换，而不改变数据说明时对该变量定义的类型。

【例 2-2】数据类型强制转换应用。

程序参考代码：

```
main()
{
    float f=5.75;
    printf("(int)f=%d,f=%f\n",(int)f,f);
}
```

运行结果：

```
(int)f=5,f=5.750000
```

说明：本例表明，f 虽强制转为 int 型，但只在运算中起作用，是临时的，而 f 本身的类型并不改变。因此，(int)f 的值为 5（删去了小数），而 f 的值仍为 5.75。

任务实现

结合前面学到的基本知识，我们可以初步完成变量的数据类型定义，两个数据的加、减、乘、除四则运算和变量的赋值；首先完成单步的加法运算功能。

程序参考代码：

```
#include <stdio.h>
main()
{
    float num1,num2,result;                  /*定义三个实型变量*/
    printf("请输入两个数(用空格分隔): ");     /*提示输入数据*/
    scanf("%f%f",&num1,&num2);               /*由键盘输入两个要相加的实型数*/
    result=num1+num2;                        /*计算两个数的和并赋值给变量 result*/
    printf("两数之和是: %.2f\n",result);
}
```

运行结果（√表示按【Enter】键，全书同）：

请输入两个数(用空格分隔):10 15√
两数之和是: 25.00

模拟训练

编写程序，实现以下功能：已知正方形的边长为 10 厘米，计算正方形的面积和周长。

任务 2   计算器程序的菜单显示设计

任务目标

- 了解在屏幕上构建菜单的方法；
- 掌握数据的输入/输出方法；
- 掌握光标定位函数的使用方法；
- 掌握顺序结构程序的设计方法；
- 能编写一般的菜单显示程序。

任务描述

菜单的初步设计即编写一个计算器的显示菜单程序。菜单如下：

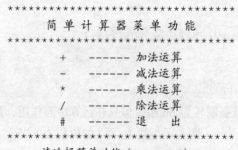

```
************************************
         简 单 计 算 器 菜 单 功 能
************************************
      +    ------  加法运算
      -    ------  减法运算
      *    ------  乘法运算
      /    ------  除法运算
      #    ------  退    出
************************************
          请选择菜单功能 (+ - * /)：
```

表示当输入字符分别为'+'、'-'、'*'、'/'时，显示进行相应的计算。

任务分析

若在屏幕上的指定位置显示菜单，就需将光标定位到指定位置，然后用基本输入/输出函数来完成菜单内容显示和用户的输入选择。

背景知识

1. 数据的输入和输出

C 语言中数据的输入和输出是通过输入/输出函数来实现的。

（1）格式输出函数 printf()

printf()函数一般用于向标准输出设备按规定格式输出信息。

其一般格式为：

printf("格式控制符",输出表列);

说明：格式控制符由两部分组成。一部分是非格式控制的普通字符，这些字符将按原样输出；另一部分是格式说明符，以 "%" 开始，后跟一个或几个规定字符，用于指定输出数据的格式，如数据的类型、形式、长度、小数位数、进制等。格式说明符及功能如表 2-10 所示。

表 2-10 printf()函数中格式说明符及功能

格式说明符	功 能
%d	十进制有符号整数
%ld	十进制有符号长整型数
%u	十进制无符号整数
%x 或%0x	无符号以十六进制表示的整数
%0	无符号以八进制表示的整数
%f	浮点数
%lf	双精度数
%s	字符串
%c	单个字符
%p	指针的值
%e	指数形式的浮点数

输出表列：需要输出的一系列数据项，各数据项之间用“,”分开，其个数和类型必须与格式控制符所说明的输出项参数一样多，且顺序一一对应，否则将会出现意想不到的错误。

printf()的格式控制串中还可插入数值以控制输出数据在屏幕上的输出宽度和对齐方式。例如：

%md 表示输出整数占 m 位宽度，右对齐。若数据实际宽度超过规定宽度，则按数据实际宽度输出。

%-md 表示输出整数占 m 位宽度，左对齐。

%m.nf 表示输出浮点数据占 m 位宽度（小数点算一位），其中 n 位小数，右对齐。

%-m.nf 表示输出浮点数据占 m 位宽度（小数点算一位），其中 n 位小数，左对齐。

格式控制串中还可以包含转义字符，可参见表 2-2。

printf()函数是标准库函数，使用时应包含其所在的头文件 stdio.h。

Turbo C 2.0 对每个库函数使用的变量及函数类型都已作了定义与说明，放在相应头文件"*.h"中，用户用到这些函数时必须要用#include <*.h>或#include "*.h"语句调用相应的头文件，以供连接。若没有用此语句说明，则连接时将会出现错误。

【例 2-3】标准输出函数应用。

程序参考代码：

```
#include <stdio.h>
void main()
{
    int a=1234,i;
    float f=3.141592653589;
    double x=0.12345678987654321;
    char c;
    i=12;
    c='x';
    printf("a=%d\n",a);         /*结果输出十进制整数 a=1234*/
    printf("a=%6d\n",a);        /*结果输出 6 位十进制数 a=  1234*/
```

```
    printf("a=%2d\n",a);              /*a 超过 2 位，按实际值输出 a=1234*/
    printf("i=%4d\n",i);              /*输出 4 位十进制整数*i=  12*/
    printf("i=%-4d\n",i);             /*输出左对齐 4 位十进制整数*i=12  */
    printf("f=%f\n",f);               /*输出浮点数 f=3.141593*/
    printf("f=%6.4f\n",f);            /*输出 6 位其中小数点后 4 位的浮点数 f=3.1416*/
    printf("x=%lf\n",x);              /*输出长浮点数 x=0.123457*/
    printf("c=%c\n",c);               /*输出字符 c=x*/
    printf("c=%d\n",c);               /*输出字符的 ASCII 码值 c=120*/
    printf("hello!");                 /*输出字符串 hello!*/
}
```

运行结果：

```
a=1234
a=  1234
a=1234
i=  12
i=12
f=3.141593
f=3.1416
x=0.123457
c=x
c=120
hello!
```

（2）格式输入函数 scanf()

scanf()函数是从标准输入设备（键盘）读取输入的信息，即按指定的格式依次读取用户从键盘上输入的一系列数据，并按对应的格式赋值给一系列内存变量。

其一般格式为：

scanf("格式控制符",参数地址表);

说明：

① 格式控制符：% [长度]类型，类型表示输入数据的类型，其格式说明符和意义与 printf()函数的格式说明符基本相同。长度格式符为 l 或 h。

② 参数地址表：需要读入的所有变量的地址，而不是变量本身。这与printf()函数完全不同，要特别注意。各个变量的地址之间用","分开。"&"是地址运算符，"&a"表示变量 a 的地址。

注意：

① 当输入多个数值数据时，若控制串中没有非格式字符作为输入数据之间的间隔，则可用空格、Tab 或回车作间隔。例如：

scanf("%d%d%d",&a,&b,&c);

输入数据之间可用空格、Tab 或回车作为分隔符。例如，输入"3 4 5"，则 a 取值为 3，b 取值为 4，c 取值为 5。

② 若控制串中有非格式符（逗号或空格），则输入数据时用指定的非格式符分隔。例如：

scanf("%d,%d,%d",&a,&b,&c);

输入数据间必须用逗号","分隔，例如输入数据格式应为 3,4,5。

③ 当输入多个字符数据时，若控制串中没有非格式字符，则认为所有输入的字符均为

有效字符。例如:

```
scanf("%c%c%c",&a,&b,&c);
```

若输入为: x y z,则 a 的值为'x',b 的值为空格'',c 的值为'y'。

若输入为: xyz,则 a 的值为'x',b 的值为'y',c 的值为'z'。

④ 输入数据的类型应与格式控制串对应的类型相一致。

【例 2-4】从标准键盘读入两个数,然后再将其输出。

程序参考代码:

```
#include "stdio.h"
void main()
{
    int i,j;
    printf("请输入两个整数,用空格分隔: i, j=?\n");
    scanf("%d %d",&i,&j);
    printf("i=%d , j=%d",i,j);
}
```

运行结果:

请输入两个整数,用空格分隔: i, j=?
5 10↙
i=5,j=10

说明: 本例中的 scanf()函数先读一个整型数,然后把接着输入的空格剔除掉,最后读入另一个整型数。如果空格这一特定字符没有找到,scanf()函数就终止。

【例 2-5】多个字符变量的输入。

程序参考代码:

```
#include "stdio.h"
main()
{
    char c1,c2;
    printf("输入两个字符:");
    scanf("%c",&c1);
    scanf("%c",&c2);
    printf("c1 is %c,c2 is %c",c1,c2);
}
```

注意: 运行该程序,输入一个字符 A 后按【Enter】键(要完成输入必须按【Enter】键),在执行 scanf ("%c", &c1)时,给变量 c1 赋值"A",但回车符仍然留在缓冲区内,执行输入语句 scanf("%c",&c2)时,变量 c2 输出的是一个空行,如果输入 AB 按【Enter】键,那么输出结果为: c1 is A, c2 is B。

若想在屏幕上的指定位置输出信息应如何操作呢? 要先进行光标定位,然后再输出相应的信息。

2. 光标定位函数

屏幕上的位置都是由它们的行与列所决定的,Turbo C 屏幕定义为 25 行 80 列,左上角坐标为 (0,0)。

gotoxy()函数的功能是将光标定位到指定位置，分别由水平（列）和垂直（行）两个参数 x、y 确定。

其一般格式为：

```
gotoxy(x,y);
```

其中，x 为列号，y 为行号。左上角和右下角的坐标(x,y)分别为(0,0)和(79,24)。

gotoxy()函数包含在头文件 conio.h 中，所以使用时要加以包含，格式为#include "conio.h"。

【例 2-6】在屏幕的第 20 列第 15 行显示字符串"欢迎走进 C 语言！"。

程序参考代码：

```
#include "stdio.h"
#include "conio.h"
main()
{
    gotoxy(20,15);
    printf("欢迎走进C语言! ");
}
```

3．清屏幕函数

清屏幕函数 clrscr()的一般格式为：

```
clrscr();
```

该函数的功能是清除屏幕上的所有字符，并且把光标定位于左上角(0,0)处。

该函数包含在头文件 conio.h 中。

拓展知识

1．非格式输出函数 putchar()

putchar()函数是向标准输出设备输出一个字符。

其一般格式为：

```
putchar(字符常量或字符变量);
```

putchar()函数的作用等同于 printf("%c", ch);。

【例 2-7】输出单个字符。

程序参考代码：

```
#include "stdio.h"
main()
{
    char c;            /*定义字符变量*/
    c='B';            /*给字符变量赋值*/
    putchar(c);       /*输出该字符变量的值'B'*/
    putchar('A');     /*输出字母'A'*/
    putchar('\n');    /*输出换行*/
}
```

运行结果：

```
BA
```

2．非格式输入函数 getch()、getche()和 getchar()

这三个函数的功能都是从键盘上读入一个字符。

其一般格式为：

```
getch();
getche();
getchar();
```

区别：getch()函数不将读入的字符显示在屏幕上，而 getche()函数却将读入的字符显示在屏幕上，无须按【Enter】键结束输入。getchar()函数将读入的字符显示在屏幕上，但需以按【Enter】键作为结束输入。按【Enter】键前的所有输入字符都会逐个显示在屏幕上，但只有第一个字符作为函数的返回值。

getch()函数的不回显功能可用于交互输入过程中完成暂停等。非格式化输入/输出函数都包含在头文件 stdio.h 中。

【例 2-8】非格式化输入/输出函数的应用。

程序参考代码：

```
#include <stdio.h>
main()
{
    char c1, c2,c3;
    printf("Please input a character:");
    c1=getch();              /*从键盘上读入一个字符不回显赋给字符变量 c1*/
    putchar(c1);             /*输出该字符*/
    getch();                 /*暂停*/
    printf("Please input a character:");
    c2=getche();             /*从键盘上带回显的读入一个字符赋给字符变量 c2*/
    putchar(c2);
    getch();
    printf("Please input a character:");
    c3=getchar();            /*从键盘上带回显的读入一个字符赋给字符变量 c3*/
    putchar(c3);
}
```

任务实现

程序参考代码：

```
#include <stdio.h>
#include <conio.h>
void main()
{
    char  opere;   /*定义字符变量 opere，存储运算符*/
    clrscr();       /*清屏*/
    gotoxy(20,2);
    printf("*********************************\n");
    gotoxy(24,4);
    printf("简 单 计 算 器 菜 单 功 能");
    gotoxy(20,6);
    printf("*********************************\n");
```

```
gotoxy(30, 8);
printf("+ ------加法运算");
gotoxy(30,10);
printf("- ------减法运算");
gotoxy(30,12);
printf("* ------乘法运算");
gotoxy(30,14);
printf("/ ------除法运算");
gotoxy(30,16);
printf("# ------退出    ");
gotoxy(20,18);
printf("********************************\n");
gotoxy(20,20);
printf("请选择菜单功能 (+ - * /):");
scanf("%c",&opere);
}
```

运行结果如图 2-3 所示。

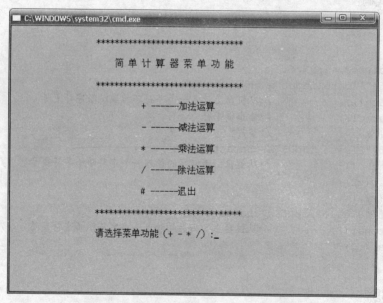

图 2-3　计算器显示菜单设计运行界面

模拟训练

编写一个菜单显示程序，菜单界面如下：

主菜单

============================

　1.显示记录　　2.添加记录

　3.删除记录　　4.保存记录

============================

请选择 1-4：

任务 3　计算器程序的选择执行设计

任务目标

- 理解菜单的选择执行过程；
- 掌握实现选择结构程序设计的语句及功能；
- 会利用 if 语句或 switch 语句编写菜单程序。

任务描述

设计简单计算器的带选择判断功能的完整主菜单程序，即能根据用户的回答实现菜单的控制选择并进行相应计算。

任务分析

根据菜单上的显示，用户输入运算符后，要判断是什么运算符才能去执行相对应计算操作，所以如何判断和执行是解决问题的关键。

背景知识

结构化是 C 语言的特色之一，结构化程序结构简洁、明了。结构化程序有三种基本结构：顺序结构、选择结构和循环结构。下面介绍前两种结构，循环结构将在任务 4 的背景知识中进行介绍。

1. 顺序结构

顺序结构是由一组顺序执行的程序语句组成的，按照语句的排列顺序依次执行，流程图如图 2-4 所示。程序执行完"语句组 1"后再接着按照顺序执行"语句组 2"。

顺序结构可以独立使用构成一个简单的完整程序，常见的输入、计算（赋值）、输出三部曲的程序就是顺序结构。

赋值语句的一般格式：

变量=表达式;

功能：先计算赋值号"="右边表达式的值，然后将其赋给赋值号左边的变量。如果赋值号右边的表达式的类型与左边变量的类型不一致，系统将自动将右边表达式的类型转换为左边变量的类型后再赋值。

图 2-4　顺序结构的流程图

注意：赋值左边只能是变量，而右边的表达式可以是常量或表达式。

【例 2-9】设有 a=0,b=99，交换两个变量的值。

程序参考代码：

```c
#include "stdio.h"
main()
```

```
{
    int a,b,c;
    a=0;
    b=99;
    c=a;
    a=b;
    b=c;
    printf("a=%d,b=%d",a,b);
}
```

运行结果：

a=99,b=0

若改变其顺序，写成：

```
void main()
{
    int a,b;
    int c;
    a=0;
    b=99;
    a=b;
    c=a;
    b=c;
    printf("a=%d,b=%d",a,b);
}
```

则运行结果为：

a=99, b=99

因为语句顺序发生改变，所以运行结果不同。

大多数情况下，顺序结构都是作为程序的一部分，与其他结构一起构成一个复杂的程序。

2．选择结构

选择结构与顺序结构不同，其执行是依据一定的条件选择执行路径，而不是严格按照语句出现的物理顺序。

选择结构程序设计方法的关键在于构造合适的选择条件和分析程序流程，根据不同的程序流程选择适当的选择语句。

下面讨论几种基本的选择结构的语句。

（1）if语句

格式1：

```
if(表达式)
{
    语句块
}
```

功能：若表达式的值为真，则执行语句块，否则跳过语句块，执行其后续语句，如图2-5所示。

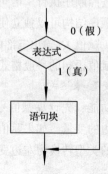

图2-5　单选if语句的执行过程

【例2-10】计算 x 的绝对值。

分析：若 x>0，则绝对值就是 x 本身；若 x<0，则绝对值取-x。

程序参考代码：

```
#include "stdio.h"
main()
{
    int x;
    printf("请输入数据: ");
    scanf("%d",&x);
    if(x<0)
        x=-x;
    printf("%d",x);
}
```

运行结果：

请输入数据: -5✓
5

格式 2：

```
if(表达式)
    {语句块 1}
else
    {语句块 2}
```

功能：如果表达式为真，执行"语句块 1"，否则执行"语句块 2"，如图 2-6 所示。

其中，"语句块 1"和"语句块 2"都由一条或若干条语句构成。

【例 2-11】键盘输入两个整数，求其中的最大值，并输出。

程序参考代码：

```
#include "stdio.h"
main()
{
  int x,y,max;
  printf("请输入数据: ");
  scanf("%d ,%d",&x,&y);
  if(x>=y)
    max=x;
  else
    max=y;
  printf("最大值是: %d",max);
}
```

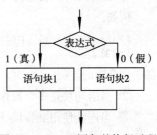

图 2-6　if...else 语句的执行过程

运行结果：

请输入数据: 10,25✓
最大值是: 25

格式 3：

```
if (表达式 1)  {语句块 1};
else if(表达式 2)  {语句块 2};
    else if(表达式 3)  {语句块 3};
        …
            else if(表达式 n)  {语句块 n};
                else  {语句块 n+1};
```

功能：先判断表达式 1，若为真，则执行语句块 1 跳过其他语句块结束 if 语句；否则判断表达式 2，若表达式 2 为真，则执行语句块 2；……；若表达式 n 为真，则执行语句块 n；否则执行语句块 n+1，如图 2-7 所示。

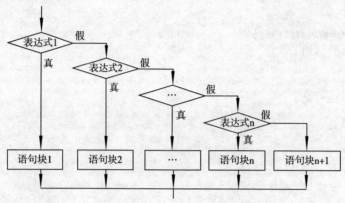

图 2-7　if...else 语句的执行过程

说明：

① if 后面的"表达式"，可以是任何类型的表达式，一般为逻辑表达或关系表达式。

例如：

```
if(a==b&&x==y)  printf ("a=b,x=y");
if(3);
```

都是是合法的。

② 当语句块是多个操作语句时，要用花括号"{ }"将几条语句括起来成为一个复合语句。

③ 当连续使用 if...else 格式时，else 总是否定与离它最近的尚未被否定的 if 条件。

【例 2-12】计算分段函数 $y = \begin{cases} 5 & x < 10 \\ 0 & x = 10 \\ -5 & x > 10 \end{cases}$ 的值。

分析：y 的计算值是由 x 的取值的范围决定的，所以要先输入 x 的值，然后根据 x 的取值情况，再决定 y 的计算表达式。

程序参考代码：

```
#include "stdio.h"
main()
{
    int x,y;
    printf("请输入数据: ");
    scanf("%d",&x);
    if(x<10)
        y=5;
    else if(x==10)
        y=0;
    else
        y=-5;
    printf("y=%d",y);
```

```
}
```
运行结果：

请输入数据：9↙

y=5

（2）switch 语句

其一般格式为：

```
switch(表达式)
{
    case 常量表达式1： 语句块1; break;
    case 常量表达式2： 语句块2; break;
    …
    case 常量表达式n： 语句块n; break;
    default： 语句块n+1;
}
```

功能：计算表达式的值，并逐个与 case 后的常量表达式值相比较，当表达式的值与某个常量表达式的值相等时，即执行其后的语句，若遇到 break 语句则退出 switch 语句，否则不再进行判断，继续执行其他 case 后的语句。其执行过程如图 2-8 所示。

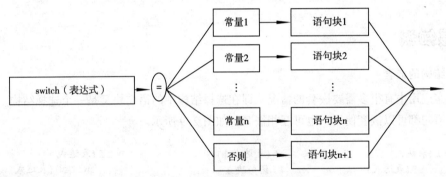

图 2-8　switch 语句的执行过程

switch 语句也是多分支选择语句，又称多路开关语句，到底执行哪一块，取决于开关设置，也就是表达式的值与常量表达式相匹配的那一路，它不同于 if...else 语句，它的所有分支都是并列的，程序执行时，由第一分支开始查找，如果相匹配，执行其后的块，接着执行第 2 分支，第 3 分支……的块，直到遇到 break 语句；如果不匹配，则查找下一个分支是否匹配。

在使用 switch 语句时应注意以下几点：

① 在 case 后的各常量表达式的值不能相同，否则会出现错误。

② 在 case 后，允许有多个语句，可以不用{}括起来。

③ 各 case 和 default 子句的先后顺序可以变动，而不会影响程序执行结果。

④ default 子句可以省略不写。

【例 2-13】由键盘输入任意一个 0~5 之间的整数，输出它所对应的英文单词。

程序参考代码：

```
#include "stdio.h"
void main()
{
```

```
    int data;
    printf("\nPlease input a data: ");
    scanf("%d",&data);
    if(date<0||data>5)
    {
        printf("Input Error!\n"); exit(1);
    }
    switch(data)
    {
     case 0: printf("Zero.\n"); break;
     case 1: printf("One.\n"); break;
     case 2: printf("Two.\n"); break;
     case 3: printf("Three.\n"); break;
     case 4: printf("Four.\n"); break;
     default: printf("Five.\n");
    }
}
```

运行结果：

```
Please input a data: 3✓
Three.
```

拓展知识

选择结构的嵌套

在现实应用中有很多需要嵌套的情况，即在选择结构中的语句块又是一个选择结构。if 语句和 switch 语句都可以嵌套使用，也可互相嵌套，如图 2-9 所示。

```
if(表达式)             if(表达式1)            if(表达式1)
    if(表达式)             语句块1                switch(表达式)
        语句块1          else                   { ...
    else                   if(表达式2)            }
        语句块2                语句块2         else
else                       else                   switch(表达式)
    语句块3                    语句块3             { ...
                                                   }
```

图 2-9　if 嵌套情况

【例 2-14】从键盘输入三个数，求出其中的最大数。

程序参考代码：

```
#include "stdio.h"
main()
{
    int x,y,z,max;
    printf("请输入三个数: ");
    scanf("%d%d%d",&x,&y,&z);
    if(x>=y)
        if(x>=z)
            max=x;
```

```
        else
            max=z;
    else
        if(y>=z)
            max=y;
        else
            max=z;
    printf("max=%d",max);
}
```

当然这个算法比较复杂，如果换一个角度思考：先找出 x、y 中较大数赋给 max，然后再从 max 和 z 中找出最大数赋给 max，则要简单得多，请读者自己练习。

任务实现

显示菜单在任务 2 中已经完成，若根据菜单上的显示，用户输入的运算符后，程序要先判断运算符情况去执行对应计算操作，所以用 switch 语句更方便。

程序参考代码：

```
#include <stdio.h>
#include <conio.h>
void main()
{
    char  opere;                    /*定义字符变量 opere，存储运算符*/
    int  num1,num2;                 /*定义变量 num1、num2，存储运算数*/
    clrscr();                       /*清屏*/
    gotoxy(20,2);
    printf("*******************************\n");
    gotoxy(24,4);
    printf("简 单 计 算 器 菜 单 功 能");
    gotoxy(20,6);
    printf("*******************************\n");
    gotoxy(30, 8);
    printf("+ ------加法运算");
    gotoxy(30,10);
    printf("- ------减法运算");
    gotoxy(30,12);
    printf("* ------乘法运算");
    gotoxy(30,14);
    printf("/ ------除法运算");
    gotoxy(30,16);
    printf("# ------退出    ");
    gotoxy(20,18);
    printf("*******************************\n");
    gotoxy(20,20);
    printf("请选择菜单功能（+ - * /）:");
    scanf("%c",&opere);
    if(opere=='#') exit(0);/* 终止运行退出程序*/
    gotoxy(20,22);
    printf("请输入运算数据:");
```

```
scanf("%d%d",&num1,&num2);
gotoxy(20,24);
switch(opere)
{
  case '+': printf("%d+%d=%d",num1,num2,num1+num2); break;
  case '-': printf("%d-%d=%d",num1,num2,num1-num2); break;
  case '*': printf("%d*%d=%d",num1,num2,num1*num2); break;
  case '/': printf("%d/%d=%d",num1,num2,num1/num2); break;
}
}
```

运行结果如图 2-10 所示。

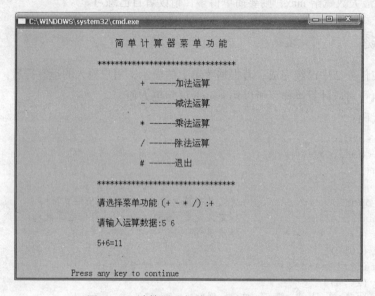

图 2-10 计算器选择执行设计运行界面

模拟训练

分别用 if...else if 语句和 switch 语句编写程序，实现如下功能：由键盘输入学生的成绩，判断学生成绩的等级。

等级标准如下：

优秀：100 分～90 分；良好：80 分～89 分；合格：60 分～79 分；不及格：0 分～59 分。

任务 4   计算器程序的循环执行设计

任务目标

- 理解菜单的循环控制选择设计方法；
- 掌握实现循环结构设计的三种语句；
- 会运用循环语句解决实际应用问题。

任务描述

设计一个能够实现循环进行计算的计算器程序，直到不想计算为止。

任务分析

任务 3 的计算器程序每次运行只能计算一次，要想实现多次计算的功能，有些程序段就需反复执行，所以必须用循环控制语句来实现循环计算的功能。

背景知识

循环结构是结构化程序三种基本结构之一，顺序结构、选择结构解决简单的程序设计问题，是程序设计的基础。循环结构则是程序设计的主要应用。它和顺序结构、选择结构共同作为各种复杂程序的基本构造单元。实现循环可以用三种语句（while、do...while、for）来实现。

1. for 语句

for 循环是三种循环结构中使用最为灵活的循环，原则上任何循环程序均能用 for 语句构造出来。

一般格式：

```
for(表达式 1;表达式 2;表达式 3)
{
    循环体语句组;
}
```

其中，循环体语句组也可以是一条语句，此时{}可以省略。

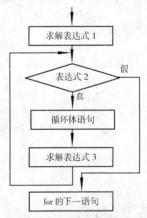

for 语句执行过程：

（1）计算"表达式 1"，为循环初始化（赋初值）。

（2）计算"表达式 2"，判断循环是否成立（值为真），则执行循环体语句组，否则转到第（5）步。

（3）计算"表达式 3"，使循环变量按增量变化。（此表达式必不可少，否则会陷入死循环，即循环永不停止）

（4）转回到第（2）步继续执行。

（5）结束 for 语句，执行下一语句。

其执行过程如图 2-11 所示。

图 2-11　for 语句的执行过程

从 for 语句的执行过程可以看出，for 循环是先判断后执行，属于当型循环，所以循环体语句有可能一次也不被执行。

例如：

```
for(x=10;x>15;x++)
printf("%d=",x);    /*一次也没执行*/
```

【例 2-15】求自然数 1 到 100 的和，即 1+2+3+…+100。

分析：由于要加 100 次，所以考虑用循环来完成。假设累加和存放在变量 sum 中，初始值为

0，每次要加的数为 i，则 sum+=i 是需要多次反复执行的，i 的值应从 1 变化到 100，即 i 的初始值为 1，循环条件为 i<=100，i 每次增量为 1，即"表达式 3"为 i++。

程序参考代码：

```
#include "stdio.h"
main()
{
   int i,sum=0;
   for(i=0;i<=100;i++)
     sum+=i;
   printf("sum=%d",sum);
}
```

运行结果：

```
sum=5050
```

【例 2-16】求 n 的阶乘值。

分析：为了求阶乘，首先必须对 n 进行分类。若 n<0，则提示输入错误；若 n==0，则规定其阶乘值等于 1；若 n>0，则其阶乘值等于 $1 \times 2 \times 3 \times \cdots \times n$，若使用 fact=fact*k 的运算来完成，k 的值为 $1 \sim n$ 变化。

程序参考代码：

```
#include "stdio.h"
main()
{
  int k,n,fact=1;
  printf("请输入一个数: ");
  scanf("%d",&n);
  if(n<0)
     printf("输入错误! ");
  else if(n==0)
     printf("0!=%d",fact);
     else
     {
        for(k=1;k<=n;k++)
          fact*=k;
        printf("%d!=%d",n,fact);
     }
}
```

运行结果：

```
请输入一个数: 5✓
5!=120
```

for 语句的书写形式十分灵活，它的三个表达式可适当省略，甚至全部省略，每个表达式间的分号不能省略。

（1）若省略"表达式 1"，则循环变量要在循环之前赋初值。

（2）若省略"表达式 2"，则应在循环体内用 if 和 break 配合退出循环，避免出现死循环。

（3）若省略"表达式 3"，则循环变量的改变要在循环体内进行，避免死循环。

例 2-16 的程序代码可改写为：

```
#include "stdio.h"
main()
{
    int k=1,n;
    long int fact=1;
    printf("n=?");
    scanf("%d",&n);
    if(n<0)
        printf("输入错误! ");
    else if(n==0)
        printf("0!=%d",fact);
    else
    {
        for(; ;)
        {
        if(k>n) break;
        fact*=k;k++;
        }
        printf("%d!=%ld",n,fact);
    }
}
```

2. while 语句

while 语句是另一种广泛使用的循环结构语句，是典型的"当型"循环，可以替代 for 循环结构，使程序更加简洁清晰。

一般格式：

```
while（表达式）
{
    循环体语句组；
}
```

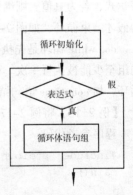

图 2-12　while 语句执行过程

while 语句的执行过程：先计算"表达式"的值，若为真值，则执行循环体语句组，然后返回继续判断表达式的值，否则结束 while 循环。相当于 for 语句中表达式 1 和表达式 3 省略的情况，如图 2-12 所示。

其中，while 后的表达式可以是任意表达式，非零即真。循环体语句组为单条语句时，可以省略{}。可以在循环体内加 break 语句结束本层循环，加 countinue 语句结束本次循环。

【例 2-17】求 $S=1+1/2+1/3+\cdots+1/n$，直到最后一项 $1/n$ 的值小于 10^{-6}。

分析：在该计算公式中除了第一项外，其他项都具有相似性，即分子为 1，分母比前一项的分母大 1，因此可以考虑将累加和 S 的初值设为 1，然后每次循环加上一个 $1/n$ 项，n 的值从 2 开始变化，不断增加，直到 $1/n$ 的值小于 10^{-6} 为止，即 $1/n \geq 10^{-6}$ 作为循环条件，一旦 $1/n<10^{-6}$ 就停止循环。

程序参考代码：

```
#include "stdio.h"
main()
{
```

```
long int n=2;
double t,s=1;
t=1.0/n;
while(t>=1e-6)
{
    s=s+t;
    n++;
    t=1.0/n;
}
printf("s=%f,n=%ld,t=%f",s,n,t);
}
```

运行结果：

```
s=14.392727,n=100001,t=0.000001
```

3. do...while 语句

一般格式：

```
do
{
    循环体语句组；
} while(表达式);
```

do...while 语句的执行过程：先执行循环体语句组，然后判断表达式，若为真值，则继续执行循环体语句组，直到表达式的值为假才结束循环，如图 2-13 所示。

do...while 循环是先执行后判断，属于直到型循环，循环体语句组至少能被执行一次。可以在循环体内加 break 语句结束本层循环，加 countinue 语句结束本次循环。

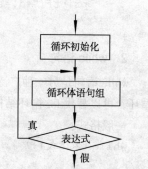

图 2-13　do...while 语句执行过程

【例 2-18】将例 2-17 用 do...while 语句改写。

程序参考代码：

```
#include "stdio.h"
main()
{
    long int n=2;
    double t,s=1;
    t=1.0/n;
    do
    {
        s=s+t;
        n++;
        t=1.0/n;
    }while(t>=1e-6);
    printf("s=%f,n=%ld,t=%f",s,n,t);
}
```

拓展知识

1. 循环的嵌套

循环体内可以是任意合法的 C 语句，包括循环语句本身，所以当循环体内又包含循环时，称为循环嵌套。三种循环语句可以互相嵌套，但注意不能交叉。

循环嵌套的形式如图 2-14 所示。其中（a）是双重循环，（b）是三重循环（也叫多重循环），（c）是双重循环（循环体内的两个循环是并列的循环结构）。其实，无论嵌套多少层，for 循环的规则是不变的，各层遵守各层的规则：内循环相当于外循环的一个语句。可以在循环体内加 break 语句结束本层循环，加 countinue 语句结束本次循环。

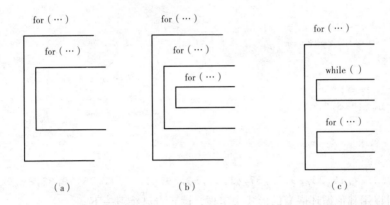

图 2-14　循环结构嵌套示意图

【例 2-19】打印九九乘法表。

分析：要输出直角三角形的九九乘法表，要控制输出 9 行，每行的列数与行数相同。所以要用双重循环来完成。定义变量 i、j 用来表示行和列的取值，设外循环 i 为行循环，i 的取值为 1～9，i 每次增 1；内循环 j 为列循环，j 的取值为 1～i，每输出一行后要换行。

程序参考代码：

```c
#include "stdio.h"
main()
{
    int i,j;
    for(i=1;i<=9;i++)
    {
        for(j=1;j<=i;j++)
            printf("%d*%d=%2d  ",i,j,i*j);
        printf("\n");
    }
}
```

while 循环、do...while 循环和 for 循环也可以互相嵌套（但不能交叉）。

【例 2-20】求 3～100 以内的素数（只能被 1 和自身整除的数）。

分析：本例是双重循环，用外循环控制 n 的取值 3～100 的奇数，内层循环判断 n 是否为素数。

用标志法来实现，开始假设 n 是素数，设一标志变量 flag=1，若 n 能被 2～n-1 之间的任意数整除，则 flag=0，退出内层循环。然后判断 flag 的值，若为 1，则 n 是素数，否则不是素数。

程序参考代码：

```c
#include "stdio.h"
main()
{
    int n,k,flag;
    for(n=3;n<=100;n=n+2)
    {
        flag=1;
        k=2;
        while(k<=n-1)
        {
            if(n%k==0)
            {flag=0; break; }
            k++;
        }
        if(flag==1)
            printf("%d,",n);
    }
}
```

运行结果：

3,5,7,11,13,17,19,23,29,31,37,41,47,53,59,61,67,71,73,79,83,89,97

该程序也可以用其他循环嵌套的形式来实现，读者自己练习一下。

2. 其他控制语句

（1）break 语句

在循环没有执行完时，若需要结束循环，可以利用 if 语句和 break 语句配合使循环结束。

break 语句的一般格式：

```c
break;
```

功能：强行退出本层循环语句或 switch 语句。

例如：

```c
while(i++)
{
    …
    if(i>10)
        break;      /*退出 while 循环*/
    …
}
```

（2）continue 语句

一般形式：

```c
continue;
```

功能：结束本次循环，即跳过循环体中下面尚未执行的语句，继续进行下一次的循环判定。

例如：

```
while(i++)
{
    …
    if(i==10)
        continue;          /*结束本次循环，进行下一次的判断*/
    …
}
```

（3）exit( )函数

一般形式：

```
exit();
```

功能：立即终止程序运行。

通常用于在程序中想立即结束程序运行的情况，exit(0)表示正常终止程序运行，exit(1)表示非正常终止程序运行。

任务实现

任务 3 的计算器程序，每次运行只能计算一次，要实现多次计算只需将菜单及计算程序段循环执行即可。

程序参考代码：

```
#include <stdio.h>
#include <stdio.h>
#include <conio.h>
void main()
{
    char  opere;
    int num1,num2;      /*定义字符变量 opere 和存储运算符*/
    while(1)
    {
        clrscr();         /*清屏*/
        gotoxy(20,2);
        printf("********************************\n");
        gotoxy(24,4);
        printf("简 单 计 算 器 菜 单 功 能");
        gotoxy(20,6);
        printf("********************************\n");
        gotoxy(30, 8);
        printf("+ ------加法运算");
        gotoxy(30,10);
        printf("- ------减法运算");
        gotoxy(30,12);
        printf("* ------乘法运算");
        gotoxy(30,14);
        printf("/ ------除法运算");
        gotoxy(30,16);
        printf("# ------退出    ");
        gotoxy(20,18);
        printf("********************************\n");
```

```
gotoxy(20,20);
printf("请选择菜单功能 ( + - * / ):");
scanf("%c",&opere);
if(opere=='#') exit(0);        /*终止运行退出程序*/
gotoxy(20,22);
printf("请输入运算数:");
scanf("%d%d",&num1,&num2);
fflush(stdin);                 /*释放键盘缓冲区*/
gotoxy(20,24);
switch(opere)
{
    case '+': printf("%d+%d=%d",num1,num2,num1+num2);getch();break;
    case '-': printf("%d-%d=%d",num1,num2,num1-num2);getch();break;
    case '*': printf("%d*%d=%d",num1,num2,num1*num2);getch();break;
    case '/': printf("%d/%d=%d",num1,num2,num1/num2);getch();break;
    }
  }
}
```

程序说明：

函数 fflush(stdin)的功能是清除键盘缓冲区。通常在使用 scanf()函数接收数据后，由于结束标志（通常是回车符）也存放在缓冲区中，若后面紧接着输入字符型数据会将回车符带入字符变量中，所以要先清除键盘缓冲区的数据。或者将语句 scanf("%c",&opere);改为 scanf("%c%c",&opere,&opere);接收回车符也可。

函数 exit()函数的功能是结束程序运行。本程序中所用 while(1)为真循环，即无限循环，只有当输入字符"#"时，才能退出程序。

运行结果如图 2-15 所示。

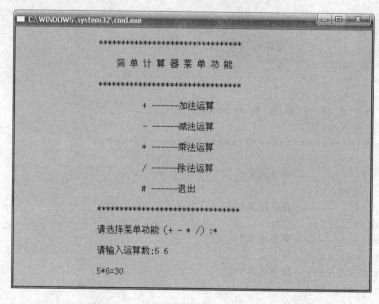

图 2-15 计算器循环执行设计运行界面

模拟训练

根据公式 π/4=1−1/3+1/5−1/7+⋯，计算 π 的值，精确到最后一项的绝对值小于或等于 10^{-6} 为止。

任务 5　计算器程序的各运算过程模块化处理

任务目标

- 了解程序设计的基本概念；
- 了解程序模块化的实现方法；
- 掌握函数的定义方法和调用方法；
- 掌握局部变量和全局变量的应用；
- 能利用函数编写程序，实现程序的模块化。

任务描述

将计算器程序中各运算功能实行模块化设计。

任务分析

C 语言的模块化是利用函数来实现的。要将计算器程序中的各运算功能用函数来实现，则需要定义 4 个一般函数，分别完成加、减、乘、除功能，再根据主函数中的菜单选项分别调用相应的函数，实现程序的模块化设计。

背景知识

在 C 语言程序设计中通常将一个较大的程序分解成若干个较小的、功能单一的程序模块来实现，这些完成特定功能的模块称为函数。函数是组成 C 程序的基本单位。

C 语言的函数分为标准函数和自定义函数两种。标准函数是由系统提供的，如 sqrt(x)、fabs(x)、sin(x)等，这类函数只要用户在程序的首部包含其所在的头文件即可直接调用。自定义函数是程序设计人员根据问题的需要自己定义的函数。如果函数使用得恰当，可以使程序结构更加清晰。

1. 函数的定义

函数可以从不同的角度进行分类。根据有无参数，分为有参函数和无参函数；根据有无返回值，分为无返回值、单返回值和多返回值三种；根据有无功能，分为无功能函数（空函数）和有功能函数。

一个函数包括函数头和语句体两部分。

函数头由下列三部分组成：函数返回值类型、函数名、参数表。

函数的一般定义格式为：

函数返回值类型 函数名(形参说明表)
```
{
    说明部分;              /*变量的说明*/
    执行部分;              /*完成具体功能的语句*/
    [return 表达式;]       /*返回函数的值*/
}
```

说明：

（1）函数返回值类型：可以是 C 语言的基本数据类型或空类型（void）无返回值时即为空类型。

（2）函数名：在程序中必须是唯一的标识符，即不能有同名的函数，遵循标识符命名规则。

（3）形参说明表：形式上的参数简称形参（只能是变量），形参可以有多个也可以没有，当有多个形参时，要分别加以说明。在函数调用的时候，实际参数（实参）的值将被复制到这些变量中。

（4）说明部分：说明该函数中的变量，或其他函数的声明。

（5）执行部分：完成具体功能的可执行代码。

（6）return 表达式：将表达式的值作为函数的值返回给调用者。当无返回值时，可省略。

说明部分和执行部分（包括 return）称为函数体。

【例 2-21】定义一个求两个数最大值的函数。

程序参考代码：
```
int f_max( int x,int y)
{
    int max;
    if(x>y)
       max=x;
    else
       max=y;
    return max;
}
```

【例 2-22】自定一个无参无返回值的函数。

程序参考代码：
```
void a()       /*函数定义*/
{
    int num;
    scanf("%d",&num);
    printf("%d\n",num);
}
```

2. 函数的调用

自定义函数并不能独立运行，需要主函数调用后才能执行。每个 C 程序的入口和出口都位于函数 main() 之中。main() 函数可以调用其他函数，这些函数执行完毕后程序的控制又返回到 main() 函数中，main() 函数不能被别的函数所调用。函数调用发生时，立即执行被调用的函数，而调用者则进入等待状态，直到被调用函数执行完毕。函数可以有参数和返回值也可以没有。

函数之间的关系是并列的，没有顺序之分，但一般规范的书写方式是先写主函数，后写一般函数,这样主函数在调用一般函数时就要加函数的引用声明(先声明后使用的原则)。若定义在前,调用在后可以省略引用声明。

（1）函数的声明格式

函数返回值类型　函数名 (形参说明表);

函数的声明应放在发生函数调用之前,一般放在程序的头部。

（2）函数的调用格式

函数名 (实际参数);

其中,实际参数简称实参,可以是变量、常量、表达式、数组元素或。

功能：调用执行函数名所指的函数,如图 2-16 所示。

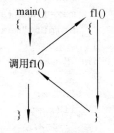

图 2-16　函数调用过程

（3）函数的参数传递

在 C 语言中,函数之间的信息是通过实参和形参传递的,传递有两种方式："值传递"和"地址传递"。发生函数调用时,实质就是将实参的值（或地址）分别传递给对应的形参,然后执行该被调用的函数,执行完毕后再返回到主调函数中的调用处。实参与形参之间遵循"类型匹配、个数相等、按位置一一对应"的原则。

形参与实参只是类型相同,没有直接关系,因为形参只是在所定义的函数中有效。所以二者可以同名,互不干扰。

（4）函数调用的三种形式

① 作为独立的语句。函数调用作为独立语句时,通常情况下是被调函数没有值返回。

【例 2-23】一个无参无返回值的函数调用。

程序参考代码：

```c
#include "stdio.h"
main()
{
    void a();
    a();
}
void a()
{
    int num;
    scanf("%d",&num);
    printf("%d\n",num);
}
```

说明：在这个程序中主调函数和被调函数之间没有数据传递,输入和输出都是在被调函数中进行的。

② 作为表达式的一部分。函数调用作为表达式的一部分时,被调函数有值返回。

【例 2-24】利用函数调用的方法求两个数的最大值,主函数中输入两个数,求最大值的过程用一般函数来完成。

程序参考代码：

```c
#include "stdio.h"
main()
{
```

```
    int a,b,max;
    int f_max(int x,int y);         /*函数的引用声明*/
    printf("请输入两个数据: ");
    scanf("%d%d",&a,&b);
    max=f_max(a,b);                 /*调用求最大值的函数*/
    printf("max=%d",max);
}
int f_max(int x,int y)              /*定义函数求两个数的最大值*/
{
    int z;
    if(x>=y)
        z=x;
    else
        z=y;
    return z;                       /*返回 z 的值*/
}
```

说明：主函数中的函数调用语句 f_max(a,b);是将 a、b 的值传递给 f_max()函数的形参 x 和 y，然后执行 f_max()函数求出最大值存入 z 中，并返回 z 值给 max。

③ 作为函数的参数。函数调用作为函数参数时，被调函数有值返回。

对例 2-24 改用函数参数形式调用。

```
#include "stdio.h"
main()
{
    int f_max();
    printf("max=%d",f_max());
}
int f_max()
{
    int x,y,z;
    printf("请输入两个数");
    scanf("%d%d",&x,&y);
    if(x>=y)
        z=x;
    else
        z=y;
    return z;
}
```

说明：在这个程序中，主调函数没有传递值给被调函数，数据的输入是在被调函数中输入的，但被调函数有值返回。当然，数据也可以在主函数中提供，请读者自己试着改写。

拓展知识

1. 函数的嵌套调用

C 语言允许在一个函数的定义中出现对另一个函数的调用，这样就出现了函数的嵌套调用，即在被调函数中又调用其他函数，嵌套调用时函数是逐级返回的，如图 2-17 所示。

【例 2-25】计算 $s=2^2!+3^2!+4^2!$ 。

分析：本题可编写两个函数，一个是用来计算平方值的函数 $f1()$ ，另一个是用来计算阶乘值的函数 $f2()$ 。主函数先调 $f1()$ 计算出平方值，再在 $f1()$ 中以平方值为实参，调用 $f2()$ 计算其阶乘值，然后返回 $f1()$ ，再返回主函数，在主函数的循环中计算累加和。

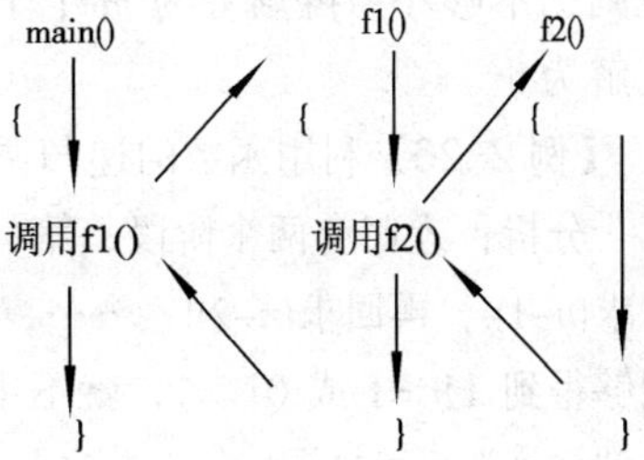

图 2-17　函数嵌套调用过程

程序参考代码：

```c
#include "stdio.h"
long f1(int p)
{
    int t;
    long k;
    long f2(int n);
    t=p*p;
    k=f2(t);
    return k;
}
long f2(int n)
{
    int i;
    long t=1;
    for(i=1;i<=n;i++)
        t=t*i;
    return t;
}
main()
{
    int i;
    long s=0;
    for(i=2;i<=4;i++)
        s=s+f1(i);
    printf("s=%ld",s);
}
```

运行结果：

s=2004552088

说明：在程序中，函数 $f1()$ 和 $f2()$ 均为长整型，都在主函数之前定义，故不必再在主函数中对 $f1()$ 和 $f2()$ 加以说明。在主程序中，执行循环程序依次把 i 值作为实参调用函数 $f1()$ 求 i^2 值。在 $f1()$ 中又发生对函数 $f2()$ 的调用，这时是把 i^2 的值作为实参去调 $f2()$ ，在 $f2()$ 中完成求 $i^2!$ 的计算。 $f2()$ 执行完毕把 k 值（即 $i^2!$ ）返回给 $f1()$ ，再由 $f1()$ 返回主函数实现累加。至此，由函数的嵌套调用实现了题目的要求。由于数值很大，所以函数和一些变量的类型都说明为长整型，否则会造成计算错误。

2．函数的递归调用

在调用一个函数的过程中又直接或间接调用该函数自身的过程称为函数的递归调用。

递归算法的思想是把要解决的问题分解成对 m 个子问题分别求解，如果 m 个子问题的规则仍不够小，再划分为 m 个子问题，如此递归地进行下去，直到问题规模小到很容易求出其解为止。

【例 2-26】利用函数的递归调用求 $n!$。

分析：递归有两个阶段，第一阶段是"回推"，欲求 $n!$，回求 $(n-1)!$，再回求 $(n-2)!$，……，当回推到 $1!$ 或 $0!$ 时，此时能够得到 $1!=1$ 或 $0!=1$，就不用再回推了；然后进入第二阶段"递推"，由 $1!$ 开始，求 $2!$，$3!$，……，直到 $n!$。

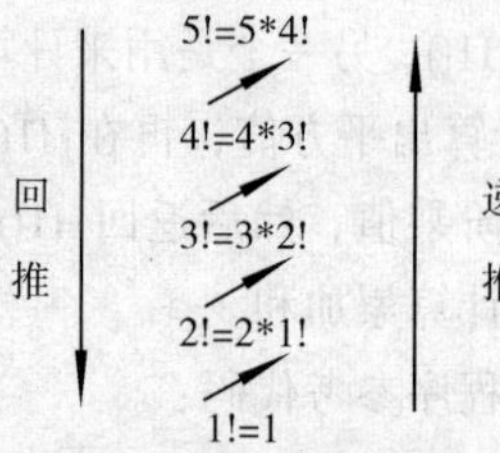

以 $5!$ 为例看回推和递推过程，如图 2-18 所示。

图 2-18 递归分析

程序参考代码：

```c
#include "stdio.h"
long fac(int n)
{
    long f;
    if(n<0)
        printf("数据有误! ");
    else if(n==0||n==1)
        f=1;
    else
        f=fac(n-1)*n;
    return f;
}
main()
{
    int n;
    long int y;
    printf("请输入数据 n 值: ");
    scanf("%d",&n);
    y=fac(n);
    printf("%d!=%ld",n,y);
}
```

运行结果：

请输入数据 n 值: 10↙
10!=362800

3. 变量的作用域和生存期

（1）变量的作用域

变量的作用域是指所声明变量的作用范围。从变量作用域角度，变量可分为局部变量和全局变量两种。

① 局部变量及其作用域。在函数或复合语句内部定义的变量为局部变量。局部变量的作用域是其所定义的函数或复合语句内。前面程序中所定义的变量都是局部变量。函数的形式参数是局部变量，它们的作用范围仅限于函数内部所用的语句块。

【例 2-27】局部变量应用。

程序参考代码：

```c
#include "stdio.h"
void add(int);
```

```
main()
{
    int num=5;
    add(num);
    printf("num=%d\n",num);   /*输出5*/
}
void add(int num)
{
    num++;
    printf("num=%d\n",num);   /*输出 6*/
}
```

运行结果：

```
num=6
num=5
```

说明：本例中的两个 num 变量都是局部变量，只在本身函数里可见。前面已经讲述，在两个函数出现同名的变量不会互相干扰，就是这个道理。所以，上面的两个输出语句，在主函数里仍然是 5，在 add() 函数里输出是 6。

② 全局变量及其作用域。在函数体外定义的变量是全局变量。它的作用域是从定义行开始到整个程序的结束行。

全局变量能增加函数间数据传递的途径，但在它的作用域是全局有效，所以对全局变量的修改，会影响到引用它的所有函数，降低了程序的可靠性，建议不要大量使用。

【例 2-28】全局变量应用。

程序参考代码：

```
#include "stdio.h"
void add();
int num;
main()
{
    num=5;
    add();
    printf("num=%d\n",num);           /*输出 6*/
}
void add()                            /*形式参数没有指定类型*/
{
    num++;
    printf("num=%d\n",num);           /*输出 6*/
}
```

运行结果：

```
num=6
num=6
```

说明：此程序中的 main() 和 add() 函数里面，并没有声明 num，但是在最后输出的时候却要求输出 num，这是由于在程序的开始声明了 num 是全局变量，也就是在所有函数里都可以使用这个变量。此时，一个函数里改变了变量的值，其他函数里的值也会出现影响。上面的例子输出都是 6，因为在 add() 函数里改变了 num 的值，由于 num 是全局变量，就好像它们两个函数共用一个变量，所以在 main()函数里的 num 也随之改变。

（2）变量的生存期

变量的生存期是指变量值的存在时间。一个 C 程序在运行时所用的存储空间，通常可分为三部分：

① 程序区：主要用于存储执行程序的代码和静态变量。

② 静态存储区：存放程序的全局变量。

③ 动态存储区：可用来存放数据，包括局部变量、函数的形参；在调用函数时给形参分配空间，用来存放主调函数传递实参值；也可作为函数调用时的现场保护及返回地址等。

从变量的作用域角度把变量分为局部变量和全局变量；但从变量的生存期角度可把变量分为静态存储变量和动态存储变量。

所谓静态存储方式是指程序运行期间分配固定的存储空间，只有程序结束，其内存空间才释放；而动态存储方式则是在程序运行期间根据需要而动态分配的空间，使用完毕空间就立刻释放。

C 语言变量的作用域实质是由其存储类型决定的，因为存储类型决定了该变量分配的存储区类型，存储区域的类型又决定了它的作用域（即可见性）和生存期。

C 语言的变量具体可分为 4 种存储类型：

① 自动型（auto 型）。在动态区分配存储空间。局部变量和函数形参都是自动存储型。变量的生存期随着分程序或函数调用的结束，空间即被自动释放，变量的值消失。自动型变量定义的格式为：

auto 类型标识符 变量名表；

关键字 auto 可以省略。auto 不写则表示定义为自动存储类型，属于动态存储方式，程序中大多数变量都属于自动变量。

例如：

auto int a,b,c;

与

int a,b,c;

两者是等价的。

② 外部型（extern 型）。外部型变量是在静态区分配空间，变量的值只有在程序结束后才消失。全局变量都是外部型存储。外部变量的声明是在定义变量前加上关键字 extern。

③ 寄存器型（register 型）。寄存器变量是与硬件相关的变量。硬件在对数据操作时，通常都是先把数据取到寄存器（或一部分取到寄存器）中，然后进行操作。CPU 对寄存器中数据的操作速度要远远快于对内存中数据的操作速度。为了加快操作速度，C 语言引入了寄存器变量。寄存器变量一般是程序执行时分配 CPU 的通用寄存器。但由于 CPU 中通用寄存器的数量有限，所以通常都把使用频繁的变量定义为寄存器变量。例如，在循环次数特大的循环中，可把循环变量定义为寄存器变量，以提高处理速度。

定义寄存器变量的格式为：

register 数据类型标识符 变量名表；

例如：

register i,j;

寄存器变量和 auto 型变量都是在函数执行时才分配空间的,因此,它们都是动态分配的。

另外,一般数据类型为 long、float 和 double 型的变量不能定义为寄存器变量,因为这些数据类型的长度超过了寄存器本身的长度。

【例 2-29】编写程序求 $1^3+2^3+3^3+\cdots+n^3$。

程序参考代码:

```
#include "stdio.h"
main()
{
  long int sum;
  int n;
  register i;
  long fun(int m);  /*函数的引用声明*/
  printf("请输入整数 n 的值: ");
  scanf("%d",&n);
  sum=0;
  for(i=1;i<=n;i++)
    sum=sum+fun(i);
  printf("\nsum=%ld",sum);
}
long fun(int m)
{
    long f;
    f=m*m*m;
    return f;
}
```

运行结果:

请输入整数 n 的值: 10↙
sum=3025

④ 静态型(static 型)。静态变量是程序在编译时在静态区为其分配相应存储空间的变量,所分配的空间在整个程序运行中有是有效的。

声明静态变量的格式为:

static 数据类型标识符 变量名表;

静态变量分局部静态变量和外部静态变量两种。

局部静态变量和动态局部变量一样也是在函数体内定义的,作用域也在所定义的函数或复合语句内,但它的生存期是程序的整个执行过程,而不是函数的每次调用。也就是说,一个局部静态变量的值在函数的一次调用结束后并不消失,它在下次调用时还可以继续使用上次结束时保留的值。所以,局部静态变量具有局部的可见性和全局的生存期。

【例 2-30】局部静态变量的作用域。

程序参考代码:

```
#include "stdio.h"
main()
{
    int i;
    int fun();            /*函数的引用声明*/
```

```
    for(i=1;i<=3;i++)
        fun();
}
int fun()
{
    static int k=5;
    k++;
    printf("%d \t",k);
}
```

运行结果：

6　　7　　8

在程序设计中有时希望某些全局变量只限于被本文件所引用，而不能被其他文件引用。这时，可以在定义全局变量时加上 static 声明。例如：

```
static int a=5;
```

变量 a 只能被它所在的源文件使用。

任务实现

将计算器中完成各种算术运算（ + - * / ）的过程分别定义为 4 个函数，然后在主函数中分别调用。为使程序更易理解，采用无参函数的调用，运算数据的输入在被调函数中完成。

程序参考代码：

```
#include <stdio.h>
#include <conio.h>
void main()
{
  void addi();         /*声明 addi()函数*/
  void subt();
  void mult();
  void divi();
  int num1,num2;
  char  opere;         /*定义字符变量 opere，存储运算符*/
  while(1)
  {
  clrscr();            /*清屏*/
  gotoxy(24,4);
  printf("简单计算器菜单功能");
  gotoxy(30,6);
  printf("+ ------加法运算");
  gotoxy(30,8);
  printf("- ------减法运算");
  gotoxy(30,10);
  printf("* ------乘法运算");
  gotoxy(30,12);
  printf("/ ------除法运算");
  gotoxy(30,14);
  printf("# ------退出    ");
  gotoxy(24,16);
```

```
    printf("请选择菜单功能 (+ - * /):");
    scanf("%c",&opere);
    if(opere=='#') exit(0);  /* 终止运行退出程序*/
    gotoxy(24,18);
    printf("请输入两个运算数:");
    scanf("%d%d",&num1,&num2);
    fflush(stdin) ;              /*释放键盘缓冲区*/
    gotoxy(24,20);
    switch(opere)
    {
      case '+': addi(num1,num2);getch();clrscr();break;
      case '-': subt();getch();break;
      case '*': mult();getch();break;
      case '/': divi();getch();break;
    }
  }
}
void addi(int a,int b)              /*求两数之和函数 addi()*/
{
  printf("%d+%d=%d",a,b,a+b);
}
void subt(int a,int b)              /*求两数之差函数 subt()*/
{
  printf("%d-%d=%d",a,b,a-b);
}
void mult(int a,int b)              /*求两数之积函数 mult()*/
{
  printf("%d*%d=%d",a,b,a*b);
}
void divi(int a,int b)              /*求两数之商函数 divi()*/
{
  printf("%d/%d=%d",a,b,a/b);
}
```

运行结果如图 2-19 所示。

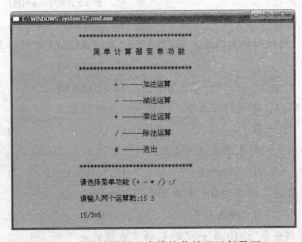

图 2-19　计算器程序模块化处理运行界面

模拟训练

用函数调用的方法求 s=2!+4!+6!+…+10!之和。

习　题

一、选择题

1. 下列数据中属于"字符串常量"的是（　　　）
   A. ABC　　　　　　B. "ABC"　　　　　C. 'ABC'　　　　　D. 'A'

2. 下列符号中，不属于转义字符的是（　　　）。
   A. \\　　　　　　　B. \x00　　　　　　C. \'　　　　　　D. \09

3. 设有说明:char c; int x; double z;，则表达式 c*x+z 值的数据类型为（　　　）。
   A. float　　　　　　B. int　　　　　　C. char　　　　　　D. double

4. 在下列选项中，正确的赋值语句是（　　　）。
   A. ++t　　　　　　B. x=y==z;　　　　C. a=(b,c)　　　　D. a+b=1;

5. 下列变量中合法的是（　　　）。
   A. B.C.Tom　　　　B. 3a6b　　　　　　C. _6a7b　　　　　D. $ABC

6. 设有下列程序段，则执行该程序段后的输出是（　　　）。（ _表示空格）
   ```
   int i=012;
   float f=1.234E-2;
   printf("i=%-5df=%5.3f",i,f);
   ```
   A. i=__012f=1.234　　　　　　　　　B. i=10___f=0.012
   C. 10___0.012　　　　　　　　　　　D. ___100.012

7. 执行下面程序段后的输出结果是（　　　）。
   ```
   int a=15;
   printf("a=%d,a=%o,a=%x\n",a,a,a);
   ```
   A. a=15,a=15,a=15　　　　　　　　　B. a=15,a=017,a=0xf
   C. a=15,a=17,a=0xf　　　　　　　　　D. a=15,a=17,a=f

8. 若变量已定义，则执行语句 scanf("%d,%d,%d ",&k1,&k2,&k3);时，正确输入是（　　　）。
   A. 2030,40　　　　　　　　　　　　　B. 20 30 40
   C. 20, 30 40　　　　　　　　　　　　D. 20,30,40

9. 若整型变量 i=3,j=4，则进行运算 j=+ ++j+i 后，j 的值为（　　　）。
   A. 10　　　　　　　B. 4　　　　　　　C. 8　　　　　　　D. 11

10. 设有 int x=10,y=3;，则表达式值为 1 的是（　　　）。
    A. !(y==x/3)　　　B. y!=x%7　　　　C. x>0&&y<0　　　D. x!=y||x>=y

11. 下列（　　　）表达式的值为真，其中 a=5;b=8;c=10;d=0;。
    A. a*2>8+2　　　　B. a&&d　　　　　C. (a*2-c)||d　　　D. a-b<c*d

12. 能正确表示逻辑关系"a≥10 或 a≤0"的 C 语言表达式是（　　　）。

  A.　a>=10 or a<=0　　　　　　　B.　a>=0 | a<=10

  C.　a>=10 && a<=0　　　　　　　D.　a>=10 || a<=0

13. 执行下列程序段后，m 的值是（　　　）。

```
int w=2,x=3,y=4,z=5,m;
m=(w<x)?w:x;
m=(m<y)?m:y;
m=(m<z)?m:z;
```

  A. 4　　　　　　　　B. 3　　　　　　　C. 5　　　　　　　D. 2

14. C 语言中，逻辑"真"等价于（　　　）。

  A. 大于零的数　　　　　　　　　　　B. 非零的数

  C. 大于零的整数　　　　　　　　　　D. 非零的整数

15. 算术运算符、赋值运算符和关系运算符的运算优先级按从高到低的顺序依次为（　　　）。

  A. 算术运算、赋值运算、关系运算　　B. 关系运算、赋值运算、算术运算

  C. 算术运算、关系运算、赋值运算　　D. 关系运算、算术运算、赋值运算

16. 下列各种选择结构的问题中，最适合用 if...else 语句来解决的是（　　　）。

  A. 控制单个操作做或不做的问题

  B. 控制两个操作中选取一个操作执行的问题

  C. 控制三个操作中选取一个操作执行的问题

  D. 控制 10 个操作中选取一个操作执行的问题

17. C 语言中，switch 后的括号内表达式的值（　　　）。

  A. 只能为整型

  B. 只能为整型、字符型、枚举型

  C. 只能为整型和字符型

  D. 可以是任何类型

18. C 语言的 switch 语句中 case 后（　　　）。

  A. 只能为常量

  B. 只能为常量或常量表达式

  C. 可为常量或表达式或有确定值的变量及表达式

  D. 可为任何量或表达式

19. C 语言的 if 语句中，用作判断的表达式为（　　　）。

  A. 任意表达式　　　B. 逻辑表达式　　C. 关系表达式　　　　D. 算术表达式

20. 下面程序的运行结果是（　　　）。

```
#include "stdio.h"
main()
{
  int x=1,a=0,b=0;
  switch(x)
  {
    case 0: b++;
    case 1: a++;
    case 2: a++;b++;
  }
```

```
    printf("a=%d,b=%d",a,b);
}
```
A. 2,1   B. 1,1   C. 1,0   D. 2,2

21. 执行下列程序段后输出结果是（   ）。
```
x=1;
while(x<=3)  x++,y=x+++x;
printf("%d,%d",x,y);
```
A. 6, 10   B. 5, 8   C. 4, 6   D. 3, 4

22. 从循环体内某一层跳出，继续执行循环外的语句是（   ）
A. break 语句   B. return 语句   C. continue 语句   D. 空语句

23. 下面的循环执行完后，循环体执行的次数为（   ）。
```
s=0;
do
{
 s=s+1;
}while(--s);
```
A. 0   B. 1   C. -1   D. 均不正确

24. 下面的程序执行后，a、b 的值是（   ）。
```
for(a=1;a<=10;a++l)
  for(b=10;b>=1;b--)
     if(a>=b) exit(0);
```
A. 1,1   B. 5,5   C. 6,6   D. 均不正确

25. 下列程序段的输出结果是（   ）。
```
for(i=0;i<1;i+=l)
  for(j=2;j>0;j--)
     printf("*");
```
A. **   B. ***   C. ****   D. ******

26. C 语言最基本的单位是（   ）。
A. 语句   B. 输入和输出   C. 函数   D. 函数调用

27. 下列说法中正确的是（   ）。
A. 调用函数时，实参与形参可以共用内存单元
B. 调用函数时，实参的个数、类型和顺序与形参可以不一致
C. 调用函数时，形参可以是表达式
D. 调用函数时，为形参分配内存单元

28. C 语言中函数的返回值的类型是由（   ）决定的。
A. 调用函数时临时   B. return 语句中的表达式类型
C. 调用该函数的主调函数类型   D. 定义函数时所指定的返回函数值类型

29. C 语言中（   ）函数递归调用。
A. 允许   B. 不允许

30. C 语言规定，简单变量作实参时，它和对应形参之间的数据传递方式是（   ）。
A. 地址传递   B. 单向值传递
C. 实参和形参互相传递   D. 由用户指定传递方式

二、阅读程序，写出运行结果

1.
```c
#include "stdio.h"
main()
{
    char c1='H',c2=c1+32;
    printf("%o,%x,%d\n",c1,c1,c1);
    printf("%c,%2d\n",c2,c2);
}
```

2.
```c
#include "stdio.h"
main()
{
    int  w=1,x=2,y=3,z=4;
    w=(w<x) ? x : w;
    w=(w<y) ? y : w;
    w=(w<z) ? z : w;
    printf( "%d ",w );
}
```

3.
```c
#include "stdio.h"
int abc(int u,int v);
main()
{
    int a=25,b=15,c;
    c=abc(a,b);
    printf("%d\n",c);
}
int abc(int u,int v)
{
    int w;
    while(v)
    {
        w=u%v;
        u=v;
        v=w;
    }
    return u;
}
```

三、判断题

1. C 程序总是从程序的第一条语句开始执行。　　　　　　　　　　　　　　（　　）

2. 在 Turbo C 中，整型数据在内存中占 2 个字节。　　　　　　　　　　　（　　）

3. C 语言中 "%" 运算符的运算对象必须是整型。　　　　　　　　　　　　（　　）

4. 逻辑表达式 –3&&!5 的值为 1。　　　　　　　　　　　　　　　　　　（　　）

5. 整数 –32100 可以赋值给 int 型和 long int 型变量。　　　　　　　　　（　　）

6. 两个字符串中的字符个数相同时才能进行字符串大小的比较。　　　　　　（　　）

7. 若 i =3，则 printf("%d",–i++);输出的值为–4。　　　　　　　　　　　（　　）

8. C 语言本身不提供输入/输出语句，输入和输出操作是由函数来实现的。　（　　）

9. x*=y+8 等价于 x=x*(y+8)。　　　　　　　　　　　　　　　　　　　（　　）

10. a=(b=4)+(c=6) 是一个合法的赋值表达式。 ( )

四、程序填空（将程序中的【？】删除，并填入正确内容）

1. 功能：从读入的整数数据中，统计大于零的整数个数和小于零的整数个数。用输入零来结束输入，程序中用变量 i 统计大于零的整数个数，用变量 j 统计小于零的整数个数。

```c
#include <stdio.h>
main()
{
  int n,i,j;
  printf("Enter int number,with 0 to end\n");
  i=j=0;
  scanf("%d",&n);
  while(n!=0)
  {
   if(n>0)i=【?】;
   if(n<0)j=【?】;
   scanf("%d",【?】);
  }
  printf("i=%4d\n",i,j);
}
```

2. 功能：求两个非负整数的最大公约数和最小公倍数。

```c
#include <stdio.h>
main()
{
  int m,n,r,p,gcd,lcm;
  scanf("%d%d",&m,&n);
  if(m<n) {p=m,m=n;n=p;}
  p=m*n;
  r=m%n;
  while(【?】)
  {
    m=n;
    n=r;
    【?】;
  }
  gcd=【?】;
  lcm=p/gcd;
  printf("gcd=%d,lcm=%d\n",【?】);
}
```

五、程序改错（改正程序中/**********FOUND**********/下面一行中的错误之处）

1. 功能：读取 7 个数（1～50）的整数值，每读取一个值，程序打印出该值个数的 *。

```c
#include <stdio.h>
main()
{
  int i,a,n=1;
  /**********FOUND**********/
  while(n<7)
  {
```

```
  do
  {
    scanf("%d",&a);
  }
  /**********FOUND**********/
  while(a<1&&a>50);
  /**********FOUND**********/
  for(i=0;i<=a;i++)
    printf("*");
  printf("\n");
  n++;
 }
}
```

2. 功能：求 100 以内（包括 100）的偶数之和。

```
#include <stdio.h>
main()
{
  /**********FOUND**********/
  int i,sum=1;
  /**********FOUND**********/
  for(i=2;i<=100;i+=1)
    sum+=i;
  /**********FOUND**********/
  printf("Sum=%d \n";sum);
}
```

六、程序设计

1. 编写程序，完成以下功能：已知梯形的上底为 5 cm，下底为 10 cm，高为 4 cm，计算梯形的面积。

2. 编写程序，从键盘输入一个小写字符，将其转化成大写字符。

3. 已知某公司员工的保底薪水为 500，某月所接工程的利润 profit（整数）与利润提成的关系如下（计量单位：元）：

$$profit \leq 1000 \qquad 没有提成；$$
$$1000 < profit \leq 2000 \qquad 提成 10\%；$$
$$2000 < profit \leq 5000 \qquad 提成 15\%；$$
$$5000 < profit \leq 10\ 000 \qquad 提成 20\%；$$
$$10\ 000 < profit \qquad 提成 25\%。$$

编写程序，输入利润值，输出对应的提成后薪水。

4. 编写程序，用 do...while 语句求 1～100 的累计和。

5. 编写程序，求 1～w 之间的奇数之和。（w 是大于等于 100 小于等于 1000 的整数）

6. 编写一个函数，计算并返回三角形的面积值，将三角形的三个边长作为函数的参数。

7. 编写一个函数，将输入的一个字符串进行逆序存放，在主函数中输入和输出字符串。

8. 编写两个函数，分别求出两个整数的最大公约数和最小公倍数。要求由键盘输入两个数，用主函数调用这两个函数，并输出结果。

第 **3** 单元

歌咏比赛成绩统计

学习目标

- 掌握数组的定义、数组元素的引用和初始化方法；
- 掌握数据的查找和排序方法；
- 能够利用数组解决批量数据的处理问题。

单元描述

在一次歌咏比赛中，一共有 N 名选手参赛，有 M 个评委对每位选手的演唱进行打分，为了公平起见，选手的最终成绩是去掉一个最高分和一个最低分后的平均分，输出选手的名次和成绩。

设计分析

首先要对每位选手的姓名和编号进行保存，然后利用循环输入评委对各选手的评分，同时也要进行保存，然后找出每位选手打分的最高分与最低分，才能得出选手的平均分，再根据平均分对选手的成绩进行排序确定选手最后名次。因此，可将本单元分解成以下 3 个任务：

任务 1　输入选手的编号、姓名及评委对选手的打分；

任务 2　统计每位选手的成绩；

任务 3　输出 N 位选手名次及成绩。

任务 1　输入选手的编号、姓名及评委对选手的打分

任务目标

- 了解数组的概念；
- 掌握一维数组和二维数组的定义、数组元素引用和初始化方法；
- 掌握字符数组输入和输出方法；
- 能利用数组编写简单程序。

任务描述

在某次歌咏比赛中，有 N 名（假设 10 人）选手参加，有 M 个（设有 8 人）评委，要求通过键盘输入这 N 名选手的编号、姓名和 M 位评委对选手的打分并保存。

任务分析

想要输入并保存 N 名选手的编号、姓名和评委对各选手的打分，用定义多个简单变量的方法显然是很麻烦的，所以对于这样批量数据的处理可采用数组来实现。用一维数值型数组保存编号，用二维字符型数组保存选手的姓名，用二维数值型数组保存评委的打分。对于具体数据需利用循环输入到各数组中进行存储。

背景知识

数组是同类型数据的有序集合，即数组由若干类型相同、属性（所表示的含义）相同的数组元素组成，且它们的先后次序是确定的。数组由一个数组名来识别，每个数组元素均可通过数组名及其所在数组中的位置（下标）来确定，如 num[5]、name[10]、a[2][3] 等。数组按下标个数可分为一维数组、二维数组等，二维以上的均称为多维数组。根据数组元素值的类型又可分为数值型数组和字符型数组。

1．一维数组

数组和变量一样也遵循先定义后使用的原则。

（1）数组的定义

定义格式：

类型标识符　数组名 [常量表达式];

说明：

① 类型标识符：说明了数组元素所属的数据类型，可以是任意一种基本类型或构造类型。

② 数组名：是用户定义的标识符，不能与其他变量同名。

③ 常量表达式：指定数组的长度，即数组中元素的个数，必须是正整常量或符号常量，不能含有变量。

④ 方括号[]：表示一个数组的维数。

例如：

int a[10];

此语句定义了一个由 10 个元素组成的一维数组，数组名为 a，10 个元素分别为 a[0]、a[1]、a[2]、…、a[9]，每个元素都是整型数据。

在 C 语言中数组元素的下标总是从 0 开始，因此下标为 i 时表示的是数组的第 i+1 个元素。所以定义含有 n 个元素的数组的下标范围是 0~n-1，超出这个范围就称为数组下标越界。

在定义数组时，系统负责在内存中给数组元素分配一片连续的存储单元，存储单元的个数由数组长度和类型决定，数组名是这片存储单元的起始地址。

（2）数组的初始化

在数组定义时，有时需要直接给数组元素赋初值，称为初始化。

数组初始化一般格式为：

类型标识符 数组名[常量表达式]={值1,值2,…,值n};

其中，花括号中的值是初值，用逗号分开。

例如：

```
int a[10]={0,1,2,3,4,5,6,7,8,9};
```

则各元素的初值为：

```
a[0]=0,a[1]=1,a[2]=2,…,a[9]=9;
```

一维数组初始化有很多方法，具体有以下几种形式：

① 对数组全部元素初始化。

例如：`int a[5]={1,2,3,4,5};`

② 对数组部分元素初始化。

例如：`int a[5]={1,2,3};`

这个与 `int a[5]={1,2,3,0,0};` 是等效的。

③ 对数组全部元素显示赋值时可不指定数组长度。

例如：`int[]={1,2,3,4,5};`

（3）数组元素的引用

数组定义后，可以对数组的各元素引用，进行输入、输出或和同类型数据计算等处理。数组元素的引用格式为：

```
数组名[下标];
```

其中，下标可以是常量或表达式，其值必须是正整型，但注意不要越界。

由于数组中有多个元素，所以一维数组的输入和输出一般利用循环来进行。

设有定义：

```
#define N 10
int i, a[N];
```

则数组元素的输入/输出为：

```
for(i=0;i<N;i++)
    scanf("%d",&a[i]);          /*输入数组各元素的值*/
for(i=0;i<N;i++)
    printf("%d",a[i]);          /*输出数组各元素的值*/
```

【例3-1】输入一个班级三个学生的学号和三门课成绩，并按每行一个的格式输出。

分析：首先定义4个数组，长度均为3，用于分别存放学生的学号和三门课的成绩。然后利用循环输入每个学生的学号和三门课的成绩，最后循环输出每个学生的数据。

程序参考代码：

```
#include "stdio.h"
#define N 3
main()
{
    int i,num[N],a[N],b[N],c[N];          /*定义数组用于存储学号和三门课成绩*/
    for(i=0;i<N;i++)
    {
        printf("请输入第%d个学生的学号和三门课成绩: \n",i+1);
        scanf("%d%d%d%d",&num[i],&a[i],&b[i],&c[i]);
    }
    printf("学号\t成绩1\t成绩2\t成绩3\n");
    for(i=0;i<N;i++)
```

```
        {
            printf("%d\t%d\t%d\t%d\n",num[i],a[i],b[i],c[i]);
        }
    }
```

运行结果：

请输入第 1 个学生的学号和三门课成绩：

01 80 90 70✓

请输入第 2 个学生的学号和三门课成绩：

02 85 95 75✓

请输入第 3 个学生的学号和三门课成绩：

03 75 65 80✓

学号	成绩 1	成绩 2	成绩 3
01	80	90	70
02	85	95	75
03	75	65	80

【例 3-2】将一个数组中的值按逆序存放，然后将其输出。例如：原来存放顺序为 8,6,5,4,1，要求改为 1,4,5,6,8。

分析：首先定义一个数组 a[N]并输入数值。若要将数组中的原始值逆序存放，方法是将第一个元素 a[0]的值与最后一个元素 a[N-1]的值互换，第二个元素 a[1]的值与倒数第二个元素 a[N-2]的值互换，依此类推，这样需要将数组中一半(N/2)的元素值进行互换，因此要进行 N/2 次循环操作。

程序参考代码：

```
#include <stdio.h>
#define N 5
main()
{
    int a[N]={8,6,5,4,1},i,t;
    for(i=0;i<N;i++)
        printf("%4d",a[i]);
    printf("\n");
    for(i=0;i<N/2;i++)
    {
        t=a[i];
        a[i]=a[N-1-i];
        a[N-1-i]=t;
    }
    for(i=0;i<N;i++)
        printf("%4d",a[i]);
}
```

2．二维数组

二维数组是数组名后有两对括号（即两个下标）的数组。二维数组可以理解为由若干个同类型的一维数组组成的集合，相当于若干行、若干列数据组成的阵列。在内存中按行连续存储，二维数组的第一个下标代表行，第二个下标代表列，行列下标均从 0 开始。

（1）二维数组的定义

定义格式：

　　类型标识符　数组名[行表达式][列表达式];

其中，行表达式和列表达式均为正整常量表达式。

　　二维数组的长度（所含元素个数）等于行表达式和列表达式的乘积。

　　例如：

```
int a[3][4];
```

定义 a 为 3×4（3 行 4 列）的整型二维数组。

　　二维数组 a[3][4]可以看成是特殊的一维数组，即数组 a 含有 3 个元素：a[0]、a[1]、a[2]；而每个元素又是一个含有 4 个元素的一维数组，相当于 a[0][4]、a[1][4]、a[2][4]，这里把 a[0]、a[1]、a[2]作为一维数组的名字。所以 a[3][4]数组元素分别为：

　　a[0][0]、a[0][1]、a[0][2]、a[0][3]
　　a[1][0]、a[1][1]、a[1][2]、a[1][3]
　　a[2][0]、a[2][1]、a[2][2]、a[2][3]

　　（2）二维数组元素的引用

　　引用形式：数组名[行下标][列下标]

　　例如，a[2][3]表示是 a 数组中第 3 行第 4 列的元素。

　　二维数组的输入和输出一般要用双重循环来实现。

　　例如：

```
int a[3][4],i,j;
for(i=0;i<3;i++)
   for(j=0;j<4;j++)
   scanf("%d",&a[i][j]);          /*输入每个元素的值*/
for(i=0;i<3;i++)
   for(j=0;j<4;j++)
   printf("%d", a[i][j]);         /*输出每个元素的值*/
```

　　（3）二维数组的初始化

　　二维数组的初始化有以下 4 种形式：

　　① 按行依次对二维数组赋初值，即把二维数组看做是一维数组的数组。

　　例如：

```
int a[2][5]={{1,2,3,4,5},{14,20,23,58,99}};
```

即：

　　a[0][0]=1　a[0][1]=2　a[0][2]=3　a[0][3]=4　a[0][4]=5
　　a[1][0]=14　a[1][1]=20　a[1][2]=23　a[1][3]=58　a[1][4]=99

　　② 将所有的数据都写在一个花括号内，按数组排列的顺序对各数组元素赋初值。实质上，二维数组本质上是一个一维数组，它在机器中与一维数组的处理是一样的。

　　例如：

```
int a[2][5]={1,2,3,4,5,14,20,23,58,99};
```

　　③ 对部分元素显式赋初值。

　　例如：

```
int a[2][3]={{1},{4}};
```

未显式赋初值的元素将自动设为 0，故相当于：

```
int a[2][3]={{1,0,0},{4,0,0}};
```

④ 若全部元素显式赋初值，则数组第一维的元素个数在说明时可不指定，但是第二维的元素的个数不能省略。

例如：

```
int a[][3]={1,2,3,4,5,6};
```

编译程序自动计算出第一维的元素个数为 2。

【例 3-3】用户输入一个 5×5 的整数矩阵，编写程序求其两个对角线上的元素之和。

分析：矩阵可用一个二维数组来存放，输入数据时逐行输入矩阵的元素。

程序参考代码：

```
#include "stdio.h"
#define N 5
main()
{
    int i,j,a[N][N],sum=0;
    for(i=0;i<N;i++)            /*循环输入矩阵每行的元素*/
        for(j=0;j<N;j++)
            scanf("%d",&a[i][j]);
    for(i=0;i<N;i++)            /*循环输出矩阵每行的元素*/
    {
        for(j=0;j<N;j++)
         printf("%d  ",a[i][j]);
        printf("\n");
    }
    for(i=0;i<N;i++)
    {
        for(j=0;j<N;j++)
        {
            if(i==j)                /*主对角线*/
                sum=sum+a[i][j];
            if(i+j==N-1)            /*反对角线*/
                sum=sum+a[i][j];
        }
    }
    printf("sum=%d",sum);
}
```

3. 字符数组

用来存放字符数据的数组是字符数组，字符型数组中的每个元素只能存放一个字符型数据。

（1）字符数组的定义

① 一维字符数组的定义形式为：

```
char  数组名 [ 常量表达式 ];
```

例如：

```
char ch[6];
```

该语句定义了一个元素个数为 6 的字符数组，可以存放 6 个字符型的数据。

例如：

ch[0]='h'; ch[1]='e'; ch[2]='l'; ch[3]='l'; ch[4]='o'; ch[5]='!';

与一般数组一样，字符数组可以初始化。例如：

char ch[6]={'h','e','l','l','o','!'};

字符数组的长度也可以用初值来确定。例如，char str[]={'a','b', 'c'};，编译程序可以计算出字符数组的长度为 3。

C 语言没有提供字符串数据类型，可以通过字符数组来处理字符串。但需注意，这时必须在字符数组末尾加上串结束符'\0'。例如，对于字符数组 char s[10]，若将它用来存放字符串"A String"，则内存中该字符数组的存放形式为：

s[0]	s[1]	s[2]	s[3]	s[4]	s[5]	s[6]	s[7]	s[8]	s[9]
A		S	t	r	i	n	g	\0	

如果没有这个串结束符，则 s 是一个一般的字符数组。

若用字符数组来存放 N 个字符的字符串，则字符数组长度至少应说明为 N+1。

② 二维字符数组的定义形式为：

char 数组名 [常量表达式 1] [常量表达式 2];

例如：

char name[3][8];

定义 name 为 3×8（3 行 8 列）的二维字符数组，即数组 name 含有 3 个元素：name[0]、name[1]、name[2]；而每一元素可以存放不超过有 8 个字符的字符串，这样 char name[3][5]可以存放 3 个不超过 8 个字符的字符串，即可以存放三个人的姓名。所以通常用二维字符数组来存放多个字符串。

（2）字符数组的字符串初始化

字符串初始化有以下两种形式：

① 与字符数组的初始化形式相同：

char str[7]={'h','e','l','l','o','!','\0'};
char str[]={'h','e','l','l','o','!','\0'};

② 用字符串常量来初始化（系统自动增加一个串结束符'\0'）：

char str[7]={"hello!" };
char str[7]="hello!";
char name[3][8]={"Liming","Wanghai","sunjing"};

（3）字符串的输入和输出

① 字符串输入：

scanf("%s",str);   /*输入字符串中不能含空格字符*/
gets(str);   /*输入字符串中可以含空格字符，以回车为结束输入*/

② 字符串输出：

printf("%s",str);
puts(str);

【例 3-4】从键盘上输入一串字符"goodbye"到数组 str 中，再将其显示到屏幕上。

程序参考代码：

```
#include "stdio.h"
main()
{
```

```
    char str[10];
    puts("请输入一串字符: ");
    gets(str);
    puts(str);
}
```

运行结果:

请输入一串字符:

goodbye✓

goodbye

对二维字符型数组,从键盘输入数据或输出到屏幕时,每个字符串可以整体输入,所以用单循环即可。

例如:

```
int i;
char name[5][10];
for(i=0;i<3;i++)
   gets(name[i]);            /*输入每个字符串,相当于 scanf("%s", name[i]);*/
for(i=0;i<3;i++)
   puts(name[i]);            /*输出每个字符串,相当于 printf("%s",name[i]);*/
```

拓展知识

字符串处理函数

C 语言的编译系统提供了许多有关字符串的处理函数,使用户可以方便地对字符串进行处理。字符串函数均放在"string.h"头文件中,所以使用时要包含该文件。

(1)输入字符串——gets()函数

调用格式:

gets(字符数组)

函数功能:从标准输入设备(stdin)——键盘上,读取 1 个字符串(可以包含空格),并将其存储到字符数组中去。

说明:gets()函数读取的字符串,其长度没有限制,编程者要保证字符数组有足够大的空间,存放输入的字符串。该函数输入的字符串中允许包含空格,而 scanf()函数不允许。

(2)输出字符串——puts()函数

调用格式:

puts(字符数组)

函数功能:把字符数组中所存放的字符串,输出到标准输出设备中去,并用'\n'取代字符串的结束标志'\0'。所以用 puts()函数输出字符串时,不要求另加换行符。

说明:字符串中允许包含转义字符,输出时产生一个控制操作。该函数一次只能输出一个字符串,而 printf()函数也能用来输出字符串,且一次能输出多个。

(3)字符串比较——strcmp()函数

调用格式:

strcmp(字符串 1,字符串 2)

其中，字符串可以是串常量，也可以是 1 维字符数组。

函数功能：比较两个字符串的大小。如果：字符串 1=字符串 2，则函数返回值等于 0；如果字符串 1>字符串 2，则函数返回值为正整数；如果字符串 1<字符串 2，则函数值返回值为负值。

说明：如果一个字符串是另一个字符串从头开始的子串，则母串为大。不能使用关系运算符"=="来比较两个字符串，只能用 strcmp() 函数来处理。

（4）复制字符串——strcpy()函数

调用格式：

```
strcpy(字符数组,字符串)
```

其中，"字符串"可以是串常量，也可以是字符数组。

函数功能：将"字符串"完整地复制到"字符数组"中，字符数组中原有内容被覆盖。

说明：字符数组必须定义得足够大，以便容纳复制过来的字符串。复制时，连同结束标志'\0'一起复制。不能用赋值运算符"="将一个字符串直接赋值给一个字符数组，只能用 strcpy()函数来处理。

（5）连接字符串——strcat()函数

调用格式：

```
strcat(字符数组,字符串)
```

函数功能：把"字符串"连接到"字符数组"中的字符串尾端，并存储于"字符数组"中。"字符数组"中原来的结束标志被"字符串"的第一个字符覆盖，而"字符串"在操作中未被修改。

说明：由于没有边界检查，编程者要注意保证"字符数组"定义得足够大，以便容纳连接后的目标字符串；否则，会因长度不够而产生问题。连接前两个字符串都有结束标志'\0'，连接后"字符数组"中存储的字符串的结束标志'\0'被舍弃，只在目标串的最后保留一个'\0'。

（6）求字符串长度——strlen()函数

调用格式：

```
strlen(字符串)
```

函数功能：求字符串（常量或字符数组）的实际长度（不包含结束标志），返回一个正整型值。

（7）将字符串中大写字母转换成小写——strlwr()函数

调用格式：

```
strlwr(字符串)
```

函数功能：将字符串中的大写字母转换成小写，其他字符（包括小写字母和非字母字符）不转换。

（8）将字符串中小写字母转换成大写——strupr()函数

调用格式：

```
strupr(字符串)
```

函数功能：将字符串中小写字母转换成大写，其他字符（包括大写字母和非字母字符）不转换。

【例 3-5】密码验证。用户进入某系统，要通过键盘输入密码一般有三次机会。三次中任何一次回答正确均可进入系统（显示"欢迎进入本系统!"），否则不能进入系统（显示"对不起不能进入系统!")。

分析：定义两个字符数组，一个用于存放原始密码，一个用于存放用户输入的密码，三次输入机会用循环来控制。

程序参考代码：

```c
#include <stdio.h>
#include "string.h"
void main()
{
    char pswd[10]="123456";
    char ps[10];
    int i=1, flag=0;
    do
    {
        printf("第%d次回答密码[只能是数字]: ",i);
        gets(ps);
        if( strcmp(pswd,ps)==0)
        {
            flag=1; break;
        }
        else
            printf("密码错误! ");
        i++;
    } while(i<=3);
    if(flag==1)
        printf( "欢迎进入本系统! ");
    else
        printf( "对不起不能进入系统!");   /*3次都答错了! */
}
```

运行结果：

第 1 次回答密码[只能是数字]: 123↙
密码错误!第 2 次回答密码[只能是数字]: 123456↙
欢迎进入本系统!

【例 3-6】字符串处理函数的综合应用。

程序参考代码：

```c
#include "stdio.h"
#include "string.h"
main()
{
    char s1[30],s2[30];
    printf("请输入字符串 s1: ");
    gets(s1);
    printf("请输入字符串 s2: ");
    gets(s2);
    if(strcmp(s1,s2)==0)
        puts("s1==s2");
    else
        puts("s1!=s2");
```

```
        printf("len1=%d,len2=%d\n",strlen(s1),strlen(s2));
        strcat(s1,s2);
        printf("s1+s2=%s\n",s1);
        strcpy(s1,s2);
        printf("s1<-s2:%s",s1);
        strupr(s1);
        puts(s1); }
```

运行结果：

请输入字符串 s1:welcome✓
请输入字符串 s2:to C!
s1!=s2
len1=7,len2=5
s1+s2=welcometo C!
s1<-s2:to C!TO C!

任务实现

分析：定义 N 为 10 名选手，M 为 8 名评委，定义数组 int num[N]存放选手编号、char name[N][10]存放选手姓名、int score[N][M]存放评委的打分。

程序参考代码：

```
#include "stdio.h"
#define N 10              /*选手人数*/
#define M 8               /*评委人数*/
main()
{
    int num[N],i,j;       /*定义编号数组*/
    char name[N][10];     /*定义姓名数组，每个选手的姓名不超过10个字符*/
    int score[N][M];      /*定义成绩数组，用于存放评委对每位选手的打分*/
    printf("\n");
    for(i=0;i<N;i++)
    {
        printf("请输入第%d位选手编号和姓名: ",i+1);
        scanf("%d%s",&num[i],name[i]);
        printf("请评委为该选手打分:");
        for(j=0;j<M;j++)
            scanf("%d",&score[i][j]);
    }
    printf("\n*******选手得分情况*******\n");
    printf("编号\t 姓名\t 评委给出的成绩\n");
    for(i=0;i<N;i++)
    {
        printf("%d\t%s\t",num[i],name[i]);
        for(j=0;j<M;j++)
            printf("%d ",score[i][j]);
        printf("\n");
    }
}
```

运行结果如图 3-1 所示（调式程序时为减少输入数据量，设 N 为 3，M 为 4）。

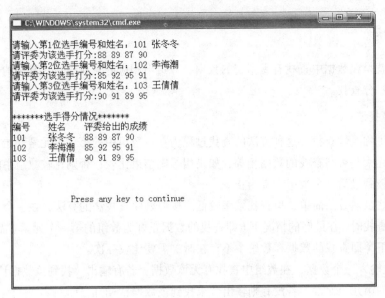

图 3-1　任务 1 的程序运行结果

模拟训练

输入一组员工的编号、姓名及工资，然后将其输出。

任务 2　统计每位选手的成绩

任务目标

- 掌握顺序查找方法；
- 了解二分查找法；
- 能编写数据检索程序。

任务描述

统计每位选手的成绩，要求去掉每位选手的一个最高分和一个最低分并得出选手的平均分作为最终成绩。

任务分析

任务 1 已经实现对选手编号、姓名及评委打分的存储，要想求得每位选手的平均成绩，需先找出每位选手的最高分和最低分，然后在选手的总成绩减去最高分和最低分，再除以 M-2（评委人数-2）。需定义存放总分和平均分的数组。如何查找最高分和最低分是问题的关键，顺序查找法和二分查找法是常用的数据检索方法。

背景知识

数据检索就是在数据中查找有无指定的数据，并给出相应的查找信息。常用的数据检索方法有顺序查找和二分查找。

1. 顺序查找法

顺序查找也称线性查找，这种方法的查找过程为：从数组中的第一个元素开始进行比较，判断当前的数组元素是否与查找的数据相等，如果相等则结束比较；否则比较数组中的下一个数，直至找到或比较到最后一个数组元素为止。

顺序查找法虽然算法简单，但查找效率较低。按照顺序查找法的算法，在一个具有 n 个元素的数组中进行查找时，在最好的情况下（即查找的数据正好为数组的第一个元素）需要比较 1 次，在最坏的情况下（即查找的数据在数组中不存在时）需要比较 n 次。

【例 3-7】输入一个数据，在数组中查找有无该数据，若有输出"找到该数据！"的信息，并指出是数组中的第几个元素，若没有则输出"未找到该数据！"的信息。

程序参考代码：

```c
#include "stdio.h"
main()
{
    int i,x,a[5]={2,4,6,8,10},flage=0;
    printf("请输入要查找的数据:");
    scanf("%d",&x);
    for(i=0;i<5;i++)
    if(x==a[i])
    { flage=1; break;}
    if(flage==1)
        printf("找到该数据!是数组中的第%d个元素",i+1);
    else
        printf("未找到该数据!");
}
```

2. 二分查找法

顺序查找法虽然简单，但效率较低，当数据量很大时不宜采用。对于包含大量数据的数组，采用二分查找法速度更快。

二分查找法要求被查找的文件中记录是按关键字值大小顺序排列的。将文件一分为二，把给定关键字值与中点的记录比较，若匹配，则查找成功；否则判断所要查找的记录可能在上半部分，还是在下半部分。然后，对确定的部分继续上述过程，直至找到要求的记录，查找成功；或最后只剩下一个记录仍不能匹配，查找失败。若文件中记录数为 N，则查到一个记录的最多比较次数为 $\log_2 N$。下面用一个例子来说明二分查找的过程。

假设有一数组 int a[7]的各元素值分别为：

1，2，5，6，8，11，29，32

要求查找给定值 x=5。设有变量 front、end 分别指向数列的上、下界，变量 mid 表示数据范围的中间位置，也是每次比较的数据对象，mid=(front+end)/2，查找过程如下：

（1）最初令 front=0（指向 1），end=7（指向 32），则 mid=3（指向 6）。若用"["和"]"代表查找范围，下画线指明要比较的数，即 mid 所在的位置，则有如下表示：

[1　2　5　<u>6</u>　8　11　29　32]

此时 a[mid]=6，x<a[mid]，则应在前半段中查找。

（2）重新设定 end=mid–1=2（指向 5），front=0 不变，则 mid=1。

[1　<u>2</u>　5]　6　8　11　29　32

此时 a[mid]=2，x>a[mid]，故应在后半段查找。

（3）再设定 front=mid+1=2，end=2，则 mid=2。

1　2　[<u>5</u>]　6　8　11　29　32

此时 x=a[mid]=5，查找成功。

若此时 x>5 会出现 front>end 的情况，表示查找失败。

【例 3-8】利用二分查找法对用户输入的数据进行查找，输出查找信息。

程序参考代码：

```c
#include "stdio.h"
#define N  10
main()
{
   int i,front,end,mid,x,f,a[N];
   printf("请输入数组的数据(注意排序)\n");
   for(i=0;i<N;i++)
      scanf("%d",&a[i]);
   printf("请输入要查找的数据: ");
   scanf("%d",&x);
   front=0;
   end=N-1;
   mid=(front+end)/2;
   while(a[mid]!=x&&front<end)
   {
      if(a[mid]<x)  front=mid+1;
         if(a[mid]>x)  end=mid-1;
            mid=(front+end)/2;
   }
   if(a[mid]!=x)
      printf("查找失败! ");
   else
      printf("查找成功, 在 a[%d]项中",mid);
}
```

运行结果：

请输入数组的数据(注意排序)
10 12 15 26 32 36 45 56 60 80↙
请输入要查找的数据: 45↙
查找成功, 在 a[6]项中

拓展知识

1. 向数组中插入新数据

在数组的应用中，有时会向数组中插入一个数据，并且不打破数组原来的排列规律。插入数据实质就是比较和移动的问题。

【例3-9】输入一个数，将其插入到一个升序排列的数组 a 中，插入新数后的数组仍是升序。

分析：设有数组 a[11]={3,5,8,12,33,45,56,68,78,80}，要插入的数据x=70。先将 x 置于数组的最后，然后将 x 与它前面的元素逐一比较，如果 x 小于某元素 a[i]，则将 a[i]后移一个位置，否则将 x 置于 a[i+1]位置。

程序参考代码：

```c
#include "stdio.h"
#define N 11
main()
{
  int i,x,a[11]={3,5,8,12,33,45,56,68,78,80};
  puts("原数组的数据为: ");
  for(i=0;i<N-1;i++)
    printf("%d ",a[i]);
  printf("\n");
  printf("请输入待插入的数据:");
  scanf("%d",&x);
  a[N-1]=x;
  for(i=N-2;i>=0;i--)
    if(x<a[i])
      a[i+1]=a[i];
    else
      {a[i+1]=x; break;}
  puts("插入新数后的数组的数据为:");
  for(i=0;i<N;i++)
    printf("%d ",a[i]);
}
```

上述方法是一边找插入位置一边移动元素，其实也可以用另一种方法：找插入位置，然后将从该位置以后的数据逐个后移一个位置（注意是从最后的数据开始移动），再将要插入的数据插入到该位置。

程序参考代码：

```c
#include "stdio.h"
#define N 11
main()
{
  int i,j,x,a[11]={3,5,8,12,33,45,56,68,78,80};
  puts("原数组的数据为: ");
  for(i=0;i<N-1;i++)
    printf("%d ",a[i]);
  printf("\n");
  printf("请输入待插入的数据:");
```

```
scanf("%d",&x);
for(i=0;i<N-1;i++)
   if(x<a[i])
      break;
for(j=N-2;j>=i;j--)
   a[j+1]=a[j];
a[i]=x;
puts("插入新数后的数组的数据为:");
for(i=0;i<N;i++)
   printf("%d ",a[i]);
}
```

2．删除数组中指定的元素

在对数组的处理中,有时会遇到要删除数组中指定的数据,然后将其后的数据逐个向前移动。其实也是比较与移动的问题,与插入数据正好相反。

【例 3-10】有一数组 a[10]存放着 10 个互不相等的整数,现从键盘输入一个数,要求从数组中删除与该值相等的元素,并将其后的数据向前递补,若数组中没有与该值相等的元素,则输出"查无此数!"的信息。

分析:解决这类问题可用标志法,先在数组中查找指定的数据,若找到标志变量 flag 置 1,并记录数据所在的位置。否则 flag 置 0;然后根据 flag 的值来判断。若 flag=1,则将找到数据位置后的数据前移,否则输出未找到要删除的数据。

程序参考代码:

```
#include "stdio.h"
#define N 10
main()
{
   int i,j,flag=0,x,a[N]={3,5,8,12, 33,45,56,68,78,80};
   puts("原数组的数据为: ");
   for(i=0;i<N;i++)
      printf("%d ",a[i]);
   printf("\n");
   printf("请输入要删除的数据:");
   scanf("%d",&x);
   for(i=0;i<N;i++)
      if(x==a[i])
      {  flag=1;break;}
   if(flag==1)
      for(j=i;j<N-1;j++)
         a[j]=a[j+1];
   puts("删除新数后的数组的数据为:");
   for(i=0;i<N-1;i++)
      printf("%d ",a[i]);
   else
      print("查无此数!");
}
```

任务实现

在任务 1 的基础上，定义变量 max、min 存放每位选手的最高分和最低分，定义数组 sum[N] 和 ave[N]数组存放每位选手的总分和平均分。

程序参考代码：

```c
#include "stdio.h"
#define N 10
#define M 8
main()
{
  int i,j,num[N];
  char name[N][10];
  float score[N][M],max,min,sum[N],ave[N];
  for(i=0;i<N;i++)                    /*输入选手的编号和姓名*/
  {
    printf("请输入第%d位选手编号和姓名: ",i+1);
    scanf("%d%s",&num[i],name[i]);
    printf("请评委为该选手打分:");
    for(j=0;j<M;j++)
      {
        scanf("%f",&score[i][j]);
        sum[i]+=score[i][j];      /*计算每位选手的总分*/
      }
  }
  printf("\n*******选手的得分情况*******\n");
  printf("编号\t 姓名\t 评委给出的成绩\n");
  for(i=0;i<N;i++)
  {
      printf("%d\t%s\t",num[i],name[i]);
      for(j=0;j<M;j++)
        printf("%.1f ",score[i][j]);
      printf("\n");
  }
  for(i=0;i<N;i++)                /*计算平均分，去掉最高分和最低分得出每位选手的平均分*/
  {
    max=min=score[i][0];
    for(j=1;j<M;j++)
    {
      if(max<score[i][j])
        max=score[i][j];
      if(min>score[i][j])
        min=score[i][j];
    }
    printf("%d 号选手去掉最高分%.1f\t 和最低分%.1f\t",num[i],max,min);
    sum[i]=sum[i]-min-max;
    ave[i]=sum[i]/(M-2);
    printf("最后得分%.1f \n",ave[i]);
  }
}
```

运行结果如图 3-2 所示。（调式程序时为减少输入数据量，设 N 为 3，M 为 4）

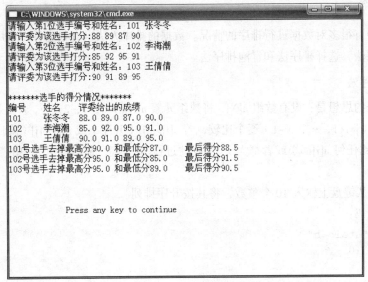

图 3-2　任务 2 统计选手成绩运行界面

模拟训练

利用数组输入 10 名学生 5 门课的成绩，计算每个学生的平均成绩，并找出每门课程的最高成绩和最低成绩。

任务 3　输出 N 位选手名次及成绩

任务目标

- 熟练掌握比较排序法；
- 掌握选择排序方法；
- 了解冒泡排序法；
- 能编写数据排序程序。

任务描述

将 N 位选手的平均成绩进行降序排列并输出。

任务分析

前面的任务 2 已经完成对选手成绩统计，在此只需对选手的平均成绩按照从大到小的顺序进行排列并输出，并加上名次即可。关键是如何进行排序，以及方法有哪些。

背景知识

现实生活中有很多对数据进行排序的情况。数据的排序方法也有很多种，常用且比较好理解的就是比较排序法、选择排序法和冒泡排序法。

1. 比较排序法

比较排序法的思想是：设有数组 a[N]，将数组元素 a[i]（i=0，1，2，…，N-2）分别与其后的每一个元素 a[j]（j=i+1，…，N-1）逐个比较，若 a[i]>a[j]（升序）或 a[i]<a[j]（降序）则交换两者的值（保证 a[i]比任何 a[j]都小或者都大）。重复此过程 N-1 次，最后数组 a 中的数据便按升序或降序排列完成。

【例 3-11】从键盘上输入 10 个整数，将其按升序排列。

程序参考代码：

```c
#include "stdio.h"
#define N 10
main()
{
    int a[N],i,j,t;
    for(i=0;i<N;i++)
        scanf("%d",&a[i]);        /*输入数据*/
    for(i=0;i<N;i++)
        printf("%d ",a[i]);       /*输出排序前的数据*/
    printf("\n");
    for(i=0;i<N-1;i++)            /*对数据排序*/
        for(j=i+1;j<N;j++)
            if(a[i]>a[j])
            {t=a[i];a[i]=a[j];a[j]=t;}
    for(i=0;i<N;i++)
        printf("%d ",a[i]);       /*输出排序后的数据*/
}
```

运行结果：

```
9 8 7 1 3 2 6 5 4 0✓
9 8 7 1 3 2 6 5 4 0
0 1 2 3 4 5 6 7 8 9
```

2. 选择排序法

排序的思想：在要排序的一组数中，选出最小的一个数与第一个位置的数交换；然后在剩下的数当中再找最小的与第二个位置的数交换，如此循环到倒数第二个数和最后一个数比较为止。

【例 3-12】任意输入 10 个数进行升序排序。

程序参考代码：

```c
#include "stdio.h"
main()
{
    int t,k,i,j,a[10];
    printf("请输入要排序的数据: \n");
    for(i=0;i<10;i++)
```

```
    scanf("%d",&a[i]);
for(i=0;i<9;i++)
{
    k=i;
    for(j=i+1;j<10;j++)
      if(a[k]>a[j])k=j;
        t=a[i];a[i]=a[k];a[k]=t;
}
printf("排序后的数据输出为:\n");
for(i=0;i<10;i++)
    printf(" %d",a[i]);
 printf("\n");
}
```

拓展知识

冒泡排序法

冒泡排序又称交换排序，是一种简单而又经典的排序方法。

冒泡排序的思想（按升序排序）：从最后一个元素开始，两两相邻元素进行比较，将较小的元素交换到前面，直到将最小元素交换到未排序元素的最前面为止，就像是冒泡一样，然后认为该元素已排序完毕，再对剩下的元素重复上面的过程，直到将所有元素排好序为止。

例如：

初始值：　　　7　1　2　5　9　3　6
第一轮比较：　7　1　2　5　9　3　6

　　　　　　　　　　　　　　　└─┘────→ 3 比 6 小，不交换

　　　　　　　7　1　2　5　9　3　6

　　　　　　　　　　　　　　└─┘─────→ 9 比 3 大，进行交换

　　　　　　　7　1　2　5　3　9　6

　　　　　　　　　　　　└─┘───────→ 5 比 3 大，进行交换

　　　　　　　7　1　2　3　5　9　6

　　　　　　　　　　└─┘─────────→ 2 比 3 小，不交换

　　　　　　　7　1　2　3　5　9　6

　　　　　　　　└─┘───────────→ 1 比 2 小，不交换

　　　　　　　7　1　2　3　5　9　6

　　　　　　└─┘─────────────→ 7 比 1 大，进行交换

第一轮比较结果：【1】　7　2　3　5　9　6
第二轮比较结果：【1　2】　7　3　5　6　9
第三轮比较结果：【1　2　3】　7　5　6　9
第四轮比较结果：【1　2　3　5】　7　6　9
第五轮比较结果：【1　2　3　5　6】　7　9
第六轮比较结果：【1　2　3　5　6　7　9】

通常把每一轮比较交换过程称为一次起泡。可以看出，完成一次起泡后，已排好的数就增加一个，要排序的数就减少一个，从而使下一次起泡过程的比较运算减少一次，因此对 n 个数据来说，各轮比较次数依次为：$(n-1)$，$(n-2)$，…，2，1。

【例 3-13】 用冒泡排序法对例 3-12 进行改写。

程序参考代码：

```c
#include "stdio.h"
#define N 10
main()
{
    int t,k,i,j,a[N];
    printf("请输入要排序的数据:\n");
    for(i=0;i<N;i++)
    scanf("%d",&a[i]);
    for(i=0;i<N-1;i++)
       for(j=0;j<N-i;j++)
          if(a[j]>a[j+1])
          {t=a[j];a[j]=a[j+1];a[j+1]=t;}
    printf("排序后的数据输出:\n");
    for(i=0;i<N;i++)
    printf(" %d",a[i]);
    printf("\n");
}
```

任务实现

在任务 2 的基础上，再加上排序操作和名次即可。

程序参考代码：

```c
#include "stdio.h"
#define N 10
#define M 8
main()
{
    int i,j,t,num[N];
    char name[N][10],str[10];
    float score[N][M],max,min,sum[N],ave[N],k;
    for(i=0;i<N;i++)    /*输入选手的编号和姓名*/
    {
     printf("请输入第%d位选手编号和姓名: ",i+1);
     scanf("%d%s",&num[i],name[i]);
     printf("请评委为该选手打分:");
     for(j=0;j<M;j++)
     {scanf("%f",&score[i][j]);
      sum[i]+=score[i][j]; /*计算每位选手的总分*/
     }
    }
    printf("\n*******选手的得分情况表*******\n");
    printf("编号\t 姓名\t 评委给出的成绩\n");
    for(i=0;i<N;i++)
    {
```

```
      printf("%d\t%s\t",i+1,name[i]);
      for(j=0;j<M;j++)
      printf("%.1f ",score[i][j]);
      printf("\n");
    }
    for(i=0;i<N;i++)      /*计算平均分，去掉最高分和最低分得出每位选手的平均分*/
    {
      max=min=score[i][0];
      for(j=1;j<M;j++)
      {
        if(max<score[i][j])
          max=score[i][j];
        if(min>score[i][j])
          min=score[i][j];
      }
      printf("%d 号选手去掉最高分%.1f\t 和最低分%.1f\t",i+1,max,min);
      sum[i]=sum[i]-min-max;
      ave[i]=sum[i]/(M-2);
      printf("最后得分%.1f \n",ave[i]);
    }
    for(i=0;i<N-1;i++)                      /*采用比较排序法对选手的平均成绩进行升序排序*/
      for(j=i+1;j<N;j++)
        if(ave[i]<ave[j])
        { /*交换成绩、编号、姓名*/
          k=ave[i];ave[i]=ave[j];ave[j]=k;
          t=num[i];num[i]=num[j];num[j]=t;
          strcpy(str,name[i]);strcpy(name[i],name[j]);strcpy(name[j],str);
        }
    printf("\n*******比赛结果*******\n");
    printf("名次\t 编号\t 姓名\t 最后成绩\n");
    for(i=0;i<N;i++)                        /*排序后输出*/
    printf("第%d 名\t%d\t%s\t%.1f\n",i+1,num[i],name[i],ave[i]);

}
```

运行结果如图 3-3 所示。（调式程序时为减少输入数据量，设 N 为 3，M 为 4）

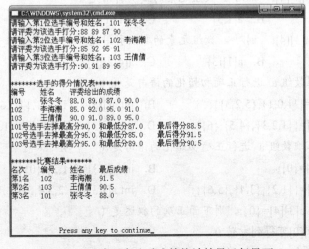

图 3-3　歌咏比赛选手成绩统计结果运行界面

模拟训练

统计出若干个学生的平均成绩,最高分以及得最高分的人数。例如:输入 10 名学生的成绩分别为 92,87,68,56,92,84,67,75,92,66,则输出平均成绩为 77.9,最高分为 92,得最高分的人数为 3 人。

习　题

一、选择题

1. 在 C 语言中,引用数组元素时,其数组下标的数据类型允许是 (　　　)。

　　A. 整型常量　　　　B. 整型表达式　　C. 整型常量或整型表达式　　D. 任何表达式

2. 若有说明 int a[10];,则对 a 数组元素的正确引用是 (　　　)。

　　A. a[10]　　　　　B. a[3.5]　　　　C. a(5)　　　　　D. a[10-10]

3. 下列说法中错误的是 (　　　)。

　　A. 一个数组只允许存储同种类型的变量

　　B. 如果在对数组进行初始化时,给定的数据元素个数比数组元素个数少,则多余的数组元素会被自动初始化为最后一个给定元素的值

　　C. 数组的名称其实是数组在内存中的首地址

　　D. 当数组名作为参数被传递给某个函数时,原数组中的元素的值可能被修改

4. 以下能对一维数组 a 进行正确初始化的语句是 (　　　)。

　　A. int a[10]=(0,0,0,0,0);　　　　　　B. int a[10]={};

　　C. int a[]={0};　　　　　　　　　　D. int a[10]="10*1";

5. 以下对二维数组 a 的正确说明是 (　　　)。

　　A. int a[3][];　　　　　　　　　　B. float a(3,4);

　　C. double a[1][4];　　　　　　　　D. float a(3)(4);

6. 若有说明 int a[3][4];,则对 a 数组元素的正确引用是 (　　　)。

　　A. a[2][4]　　　　　B. a[1,3]　　　　C. a[1+1][0]　　　　　D. a(2)(1)

7. 若有说明 int a[3][4];,则对 a 数组元素的非法引用是 (　　　)。

　　A. a[0][2*1]　　　　B. a[1][3]　　　　C. a[4-2][0]　　　　　D. a[0][4]

8. 以下能对二维数组 a 进行正确初始化的语句是 (　　　)。

　　A. int a[2][]={{1,0,1},{5,2,3}};　　　B. int a[][3]={{1,2,3},{4,5,6}};

　　C. int a[2][4]={{1,2,3},{4,5},{6}};　　D. int a[][3]={{1,0,1},{},{1,1}};

9. 以下不能对二维数组 a 进行正确初始化的语句是 (　　　)。

　　A. int a[2][3]={0};　　　　　　　　B. int a[][3]={{1,2},{0}};

　　C. int a[2][3]={{1,2},{3,4},{5,6}};　　D. int a[][3]={1,2,3,4,5,6};

10. 若有说明 int a[3][4]={0};,则下面正确的叙述是 (　　　)。

　　A. 元素 a[0][0]可得到初值 0

　　B. 此说明语句不正确

C. 数组 a 中各元素都可得到初值，但其值不一定为 0

D. 数组 a 中每个元素均可得到初值 0

二、程序填空（将程序中的【？】删除，并填入正确内容）

1. 该程序运行时，输入 "2，5"，输出为 "2 5 5"。

```
#include <stdio.h>
#define max 100
main()
{
  int f[max],i,j,k,m;
  scanf("%d,%d",&k,&m);
  for(i=0;i<=【?】;i++)
    f[i]=0;
    f[【?】]=1;
  for(i=k;i<=m;i++)
    for(j=i-k;j<=i-1;j++)
      f[i]【?】f[j];
  printf("%d%10d%10d\n",k,m,f[m]);
}
```

2. 该程序输出结果为：

```
* * * * *
 * * * * *
  * * * * *
   * * * * *
```

```
#include <stdio.h>
main()
{
  static char 【?】={'*','*','*','*','*'};
  int i,j,k;
  char space=' ';
  for(i=0;i<5;i++)
  {
    printf("\n");
    for(j=1;j<=3*i;j++)
      printf("%1c",【?】);
    for(k=0;k<【?】;k++)
      printf("%3c",a[k]);
  }
  printf("\n");;
}
```

三、程序改错（改正程序中/*********FOUND*********/下面一行中的错误之处）

该程序功能为输出如下图形：

```
*******
 *****
  ***
   *
  ***
 *****
*******
```

```c
#include <stdio.h>
#include <conio.h>
/**********FOUND**********/
#define N= 7
main()
{
  char a[N][N];
  int i,j,z;
  for(i=0;i<N;i++)
    for(j=0;j<N;j++)
      /**********FOUND**********/
      a[i][j]=;
  z=0;
  for(i=0;i<(N+1)/2;i++)
  {
    for(j=z;j<N-z;j++)
      a[i][j]='*';
    z=z+1;
  }
  /**********FOUND**********/
  z=0;
  for(i=(N+1)/2;i<N;i++)
  {
    z=z-1;
    for(j=z;j<N-z;j++)
      a[i][j]='*';
  }
  for(i=0;i<N;i++)
  {
    for(j=0;j<N;j++)
      /**********FOUND**********/
      printf("%d",a[i][j]);
    printf("\n");
  }
}
```

四、程序设计

1. 编写程序，找出一批正整数中的最大偶数。

2. 若某数的平方具有对称性质，则称该数为回文数，如 11 的平方为 121，则称 11 为回文数，试编写程序，找出 1～256 中的回文数。

3. 编写程序，从键盘输入一个 3 行 3 列矩阵的各个元素的值（值为整数），然后输出主对角线元素的积。

4. 编写程序，找出一个二维数组中的鞍点。所谓鞍点是指该位置上的数在该行上最大。在该列上最小。注意：并不是所有的二维数组都具有鞍点。

5. 编写程序，打印如下的杨辉三角形（要求打印 10 行）。

```
       1
      1 1
     1 2 1
    1 3 3 1
   1 4 6 4 1
      ...
```

6. 编写程序，依次输入 10 个字符，并将它们的顺序反序输出。

7. 已知某运动会上百米决赛的成绩，要求编写程序，分别输入 8 位运动员的号码和成绩，然后按照成绩排名并输出排名结果，包括名次、运动员号、成绩三项内容。

第 **4** 单元

模拟双色球兑奖程序

学习目标

- 熟悉随机函数的使用方法;
- 了解指针的使用方法;
- 能利用随机函数、数组、指针设计双色球兑奖程序。

单元描述

设计一个模拟双色球的兑奖程序,要求投注号码分自选和机选两种情况,中奖号码应随机生成。要求有菜单显示,并根据菜单选择操作。

双色球游戏的选择规则是:

"双色球"彩票投注区分为红色球号码区和蓝色球号码区。"双色球"每注投注号码由 6 个红色球号码和 1 个蓝色球号码组成。红色球号码从 1~33 中选择;蓝色球号码从 1~16 中选择。

中奖规则如表 4–1 所示。

表 4-1 "双色球"中奖规则

奖　级	中　奖　条　件		说　　明
	红球号码	蓝球号码	
一等奖	○○○○○○	●	选中 6+1
二等奖	○○○○○○		选中 6+0
三等奖	○○○○○	●	选中 5+1
四等奖	○○○○○		选中 5+0
	○○○○	●	或 4+1
五等奖	○○○○		选中 4+0
	○○○	●	或 3+1
六等奖	○○	●	选中 2+1
	○	●	或 1+1
		●	或 0+1

设计分析

投注号码自选时需由用户输入,机选时需要随机生成。无论自选或机选号码都需对号码进行存储，然后与中奖号码比对，根据中奖规则并给出相应信息。数据的处理过程可用数组或指针来完成，这里要求采用指针来完成。因此，可将本单元分解成以下 3 个任务：

任务 1　自选投注号码的输入与打印；

任务 2　机选投注号码的生成与打印；

任务 3　随机生成中奖号码并模拟双色球兑奖。

任务 1　自选投注号码的输入与打印

任务目标

- 了解指针的概念；
- 掌握数组与指针的联系；
- 会通过指针访问数组元素。

任务描述

由用户输入双色球中红球和蓝球的号码，利用指针方法处理号码的存储与打印输出。

任务分析

定义一个数组用 zx[7] 来存放 6 个红球号码和一个蓝球号码，再定义一个指向数组 zx 的指针 p，通过指针方法来输入号码实现存储和输出。

背景知识

指针是 C 语言中广泛使用的一种数据类型。运用指针编程是 C 语言最主要的风格之一。利用指针变量可以表示各种数据结构，能很方便地使用数组和字符串；并能像汇编语言一样处理内存地址，从而编出精练而高效的程序。指针极大地丰富了 C 语言的功能。

1. 指针的概念

在计算机中，所有的数据都是存放在存储器中的。一般把存储器中的一个字节称为一个内存单元。为了正确地访问这些内存单元，必须为每个内存单元编号。根据一个内存单元的编号即可准确地找到该内存单元。内存单元的编号也叫做地址，通常也把这个地址称为指针。内存单元的指针和内存单元的内容是两个不同的概念。可以用一个通俗的例子来说明它们之间的关系。到银行去存取款时，银行工作人员将根据用户的账号去找相应的存款单，找到之后在存单上写入存款或取款的金额。在这里，账号就是存单的指针，存款或取款额是存单的内容。对于一个内存单元来说，单元的地址即为指针，其中存放的数据才是该单元的内容。在 C 语言中，允许用一个变量来存放指针，这种变量称为指针变量。因此，一个指针变量的值就是某个内存单元的地址或称为某内存单元的指针。

指针是地址是常量，而指针变量是用来存放指针值的，但通常把指针变量简称为指针，指针变量也遵循先定义后使用的原则。

（1）指针变量的定义

对指针变量的定义包括三个内容：

① 指针类型说明，是指指针所指向的变量的数据类型。

② 指针变量名，用户定义的标识符，但不能和简单变量同名。

③ 指针变量的值，被赋予的某变量的地址。

一般定义形式为：

类型标识符 *变量名；

说明：

① *：指针变量的标识，表示是指针变量。

② 变量名：定义的指针变量名。

③ 类型标识符：表示本指针变量所指向的变量的数据类型。

例如：

```
int *p1;
```

表示 p1 是一个指针变量，它的值是某个整型变量的地址。或者说 p1 指向一个整型变量。至于 p1 究竟指向哪一个整型变量，应由赋予 p1 的地址决定。

（2）指针变量的引用

指针变量同普通变量一样，使用之前赋予具体的值。未经赋值的指针变量不能使用，否则将造成系统混乱，甚至死机。

两个有关的运算符：

① &：取地址运算符。

② *：指针运算符（如*p 取指针内存单元的内容）。

地址运算符&作用在变量前用来表示变量的地址。

其一般形式为：

&变量名；

例如，&a 表示变量 a 的地址，&b 表示变量 b 的地址。

设有指向整型变量的指针变量 p，如要把整型变量 a 的地址赋予 p 可以有以下两种方式：

① 指针变量初始化的方法：

```
int a;
int *p=&a;
```

② 赋值语句的方法：

```
int a;
int *p;
p=&a;
```

指针变量赋值后，可以通过指针变量 p 间接访问变量 a。例如：

```
a=*p;    \*指针 p 单元的内容就是 a 的值*\
```

显然，*(&a)与 a 等价，&(*p)与 p 等价，所以&与*是互逆的。

【例 4-1】指针的定义及引用。

程序参考代码：

```
#include "stdio.h"
main()
```

```
{
    int a,b;
    int *p1, *p2;
    a=100;b=10;
    p1=&a;
    p2=&b;
    printf("a=%d,b=%d\n",a,b);
    printf("*p1=%d,*p2=%d\n",*p1, *p2);
}
```

运行结果：

```
a=100,b=10
*p1=100,*p2=10
```

（3）指针变量的运算

指针变量可以进行的主要有赋值运算、算术运算和关系运算。

① 赋值运算。指针变量的赋值运算有以下几种形式：

指针变量初始化赋值，前面已作介绍。

把一个变量的地址赋予指向相同数据类型的指针变量。

例如：

```
int a,*pa;
pa=&a;    /*把整型变量 a 的地址赋予整型指针变量 pa*/
```

把一个指针变量的值赋予指向相同类型变量的另一个指针变量。

例如：

```
int a,*pa=&a,*pb;
pb=pa;    /*把 a 的地址赋予指针变量 pb*/
```

由于 pa、pb 均为指向整型变量的指针变量，因此可以相互赋值。

② 算术运算。指针只可以进行加、减、自增、自减运算，不能进行乘除运算。

设有定义：

```
int *p,*p1,*p2,n,a;
```

则：

p±n：表示 p±n*sizeof（指针类型），即从 p 算起，后面或前面第 n 个数据的地址。

p++、++p、p--、--p：结果是指向下一个或上一个数据的地址。

由于*、++、--的优先级相同，结合性都是从右向左，所以为避免歧义，当同时出现时尽量用括号加以区别。

p++与(p++)等价，都是先取 p 指针单元的内容，然后 p 自增 1。

++p 与(++p)等价，都是 p 先自增指向下一个数据单元，再取出该单元的内容。

(*p)++与++(*p)等价，都是先取出 p 单元的内容，然后将内容加 1。

p1-p2：表示两个指针地址值之差。

*p2=*p1：表示将 p1 单元的内容赋值给 p2 单元的内容。

③ 关系运算。

p1>p2：表示 p1 处于 p2 下方，p1 处于高位置。

p1<p2：表示 p1 处于 p2 的上方，p1 处于低位置。

p1==p2：表示 p1 和 p2 是否指向同一内存单元。

【例 4-2】输入 a 和 b 两个整数，按先大后小的顺序输出 a 和 b。

程序参考代码：

```c
#include "stdio.h"
main()
{
    int *p1,*p2,*p,a,b;
    printf("请输入a,b的值:");
    scanf("%d,%d",&a,&b);
    p1=&a;p2=&b;
    if(a<b)
    {p=p1;p1=p2;p2=p;}
    printf("\na=%d,b=%d\n",a,b);
    printf("max=%d,min=%d\n",*p1, *p2);
}
```

运行结果：

```
请输入a,b的值: 5  10✓
a=5,b=10
max=10,min=5
```

2. 指针与数组

一个数组是由若干个数组元素组成，数组中的元素在内存中是连续存放的，每个数组元素在内存中都有相应的地址，即数组占用一片连续的存储单元，数组名是这片连续存储单元的首地址，该地址由系统分配，用户不能修改。指针变量既然可以指向同类型的变量，当然也可以指向同类型的数组或数组元素。所以若将数组名赋给指针，则指针就是指向数组的指针。若将某数组元素的地址赋给指针，则该指针是指向数组元素的指针。

（1）指向数组元素的指针

定义一个指向数组元素的指针变量的方法，与以前介绍的指针变量相同，不过是将指针指向数组元素，即将数组元素的地址赋给指针。

例如：

```c
int a[10]={1,2,3,4,5,6,7,8,9,10};      /*定义a为包含10个整型数据的数组*/
int *p;                                 /*定义p为指向整型变量的指针*/
p=&a[0];                                /*使p指向a[0]*/
```

把 a[0]元素的地址赋给指针变量 p。也就是说，p 指向 a 数组的第 0 号元素。

C 语言规定，数组名代表数组的首地址，也就是第 0 号元素的地址。因此，下面两个语句等价：

```c
p=&a[0];
p=a;
```

在定义指针变量时可以赋给初值：

```c
int *p=&a[0];
```

它等价于：

```c
int *p;
p=&a[0];
```

当然定义时也可以写成：

```
int *p=a;
```

从图 4-1 中可以看出有以下关系：p、a、&a[0]均指向同一
单元，它们是数组 a 的首地址，也是 0 号元素 a[0]的首地址。
其中 p 是变量，而 a、&a[0]都是常量，在编程时应予以注意。

（2）通过指针引用数组元素

C 语言规定：如果指针变量 p 已指向数组中的一个元素，
则 p+1 指向同一数组中的下一个元素。

引入指针变量后，就可以用两种方法来访问数组元素了。

如果 p 的初值为&a[0]，则：

p+i 和 a+i 就是 a[i]的地址，或者说它们指向 a 数组的第 i
个元素。

(p+i)或(a+i)就是 p+i 或 a+i 所指向的数组元素，即 a[i]。
例如，*(p+5)或*(a+5)就是 a[5]。

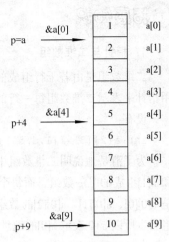

图 4-1　数组与数组元素的地址

指向数组的指针变量也可以带下标，如 p[i]与*(p+i)等价。

根据以上叙述，引用一个数组元素可以用：

① 下标法，即用 a[i]形式访问数组元素。在前面介绍数组时都是采用这种方法。

② 指针法，即采用*(a+i)或*(p+i)形式，用间接访问的方法来访问数组元素，其中 a 是数组名，
p 是指向数组的指针变量，其初值 p=a。

【例 4-3】输出数组中的全部元素，分别用下标法、指针法和数组名法。

程序参考代码：

```
#include "stdio.h"
main()
{
    int a[10],i,*p;
    p=a;
    for(i=0;i<10;i++)
       *(a+i)=i+1;
    for(i=0;i<10;i++)
       printf("a[%d]=%d,%d,%d\n",i,a[i],*(a+i),*(p+i));
}
```

运行结果：

```
a[0]=1,1,1
a[1]=2,2,2
a[2]=3,3,3
a[3]=4,4,4
a[4]=5,5,5
a[5]=6,6,6
a[6]=7,7,7
a[7]=8,8,8
a[8]=9,9,9
a[9]=10,10,10
```

🔄 拓展知识

1. 指针与二维数组

二维数组是由若干行组成的，在内存中按行的顺序存储，数组名是存储空间的首地址。如何用指针来表示二维数组每一行的起始地址是正确使用指针处理二维数组的关键。

设有：

```
int a[2][3]={{1,3,5},{2,4,6}},*p=a[0];
```

为了清楚地说明二维数组中各地址的关系，可以将上述二维数组理解为 a 是由两个行元素 a[0] 和 a[1] 组成的唯一数组，而每个行元素（a[0]和 a[1]）又是由三个元素组成的一维数组，其中 a[0] 是 a[0][0]、a[0][1]、a[0][2]的数组名，a[1]是 a[1][0]、a[1][1]、a[1][2]的数组名，a 是 a[0]和 a[1]的数组名。所以 a+0 表示 a[0]的地址，a+1 表示 a[1]的地址，如图 4-2 所示。

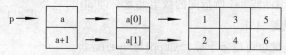

图 4-2　二维数组中的地址关系

从图 4-2 中可以看出 a 是整个二维数组的首地址，当然也是第 0 行的起始地址，a+1 是第 1 行的起始地址，即 a=&a[0], a+1=&a[1]。a[0]是第 0 行的起始地址，是第 0 行第 0 列元素的地址，a[0]+j 是第 0 行第 j 列元素的地址，即 a[0]=&a[0][0], a[0]+j=&a[0][j]；所以一般 a[i]+j 代表第 i 行第 j 列的元素地址。p=a[i];即 p 指向了二维数组 a[i]的地址，即第 i 行第 0 列的地址,则*p 的值为 a[i][0]。所以 p++指向二维数组的第 i 行的第 1 列的地址。因此，对二维数组元素的引用方法和一维数组一样也有三种：

下标法：a[i][j]

数组名法：*(*(a+i)+j)

指针法：*p

【例 4-4】使用指针输出二维数组的各元素的值。

程序参考代码：

```c
#include "stdio.h"
main()
{
    int a[2][3]={{1,3,5},{2,4,6}},i,j,*p;
    p=a[0];
    for(i=0;i<2;i++)
    {
        printf("\nline:%d\n%u,%u\n",i,a[i],*(a+i));   /*输出第 i 行的起始地址*/
        for(j=0;j<3;j++)
            printf("%d,%d\n",a[i][j],*(*(a+i)+j)); /*用下标法和数组名法输出元素的值*/
        for(p=a[i];p<a[i]+3;p++)
            printf("%d,",*p);                       /*用指针法输出元素的值*/
        printf("\n");
    }
}
```

运行结果：

```
line:0
65466,65466
1,1
3,3
5,5
1,3,5

line:1
65472,65472
2,2
4,4
6,6
2,4,6
```

2. 指针与字符串

一般采用字符数组来处理字符串的问题，其实利用指针来处理字符串会更方便、灵活。

（1）字符指针的概念与定义

程序中使用的字符串都有一个首地址，从该地址开始一次存放字符串的每个字符，并以字符串结束标志'\0'结束。这个首地址就是字符串指针，该地址是由系统分配的，用户不能修改。

字符指针的一般定义格式为：

```
char *字符指针名;
```

例如：

```
char *ps="hello!"
```

定义指针 ps 指向字符串"hello!"，主要 ps 的值是字符串"hello!"的起始地址，而不是"hello!"本身。

【例4-5】用字符指针处理字符串常量。

程序参考代码：

```
#include "stdio.h"
main()
{
    char *ps="C Language";
    printf("%s\n",ps);
    puts(ps);
}
```

运行结果：

```
C Language
C Language
```

（2）字符指针与字符数组

字符串一般存放在字符数组中。对字符数组中字符串的存取，既可以使用下标法也可以使用指针法。

【例4-6】用字符指针处理字符数组中的字符串。

程序参考代码：

```
#include "stdio.h"
main()
{
```

```
    char str[15]="Hello World!";        /*定义字符数组并初始化赋值*/
    char *ps=str;                        /*定义字符指针并指向字符数组的首地址*/
    int i;
    printf("%s\n",ps);                   /*通过字符指针直接输出字符串*/
    for(i=0;*(ps+i)!='\0';i++)           /*循环判断字符串是否结束*/
        putchar(*(ps+i));                /*输出字符串中的一个字符*/
    printf("\n");
    for(i=0;i<strlen(str);i++)
        putchar(*(ps+i));                /*输出字符串中的一个字符*/
}
```

运行结果:
```
Hello World!
Hello World!
Hello World!
```

任务实现

定义一个 zx[7]数组和 p 指针,用于存储用户输入的自选号码。

程序参考代码:

```
#include "stdio.h"
main()
{
    int zx[7],i,j,t,*p;
    p=zx;
    printf("请输入红球号码(1-33): ");
    for(i=0;i<6;i++)
        scanf("%d",(p+i));
    printf("请输入蓝球号码(1-16)");
        scanf("%d",(p+i));
    for(i=0;i<5;i++)
        for(j=i+1;j<6;j++)
     if(*(p+i)>*(p+j))
     {
        t=*(p+i);
        *(p+i)=*(p+j);
        *(p+j)=t;
    }
    printf("您所选的彩票号码为: ");
    for(i=0;i<6;i++)
    printf("%d ",*(p+i));
    printf("%d",*(p+i));
}
```

运行结果如图 4-3 所示。

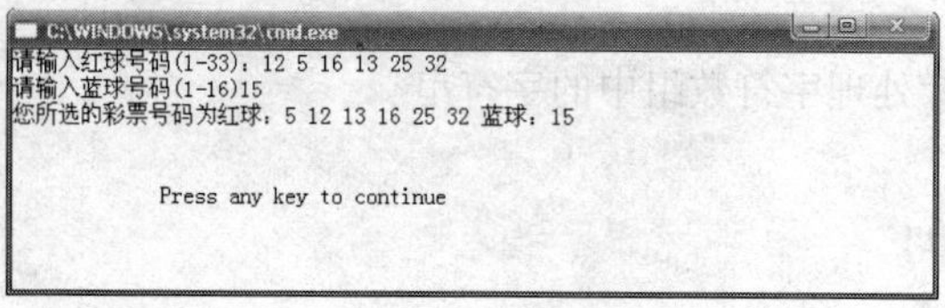

图 4-3　自选投注号码的输入与打印

模拟训练

利用指针输入 10 个数据，然后求对 10 个数据进行升序排序。

任务 2　机选投注号码的生成与打印

任务目标

- 掌握随机函数的格式和功能；
- 掌握如何生成随机函数并存储；
- 会设计一些有关随机产生数据的应用程序。

任务描述

利用随机函数，随机产生双色球中 6 个红球和 1 个蓝球的号码作为投注号码。

任务分析

要随机产生不重复的 6 个红球和 1 个蓝球号码，必须使用随机函数来产生，而且要检查红球中是否有重复数字，然后将其存储并输出。

背景知识

C 语言提供了丰富的库函数，随机函数也是其中的一个，产生随机数的函数是用随机发生器 rand 和 random。为了使每次产生的随机数不同可以用 randomize() 来初始化随机数发生器，即播撒随机种子。相关的头文件是 "stdlib.h"。

1. rand()函数

调用格式：

rand()

功能：随机产生 0～32 767 之间的任意整数。

【例 4-7】随机产生 10 个 0～99 之间的随机数并输出。

程序参考代码：

```
#include <stdlib.h>
#include <stdio.h>
main()
{
  int i;
  printf("随机产生 10 个 0—99 的整数:\n");
  for(i=0;i<10;i++)
    printf("%d,",rand() % 100);
}
```

运行结果：

随机产生 10 个 0—99 的整数：

46,30,82,90,56,17,95,15,48,26

2. random()函数

调用格式：

```
random(int num);
```

功能：随机产生 0～num 之间的任意整数.

【例 4-8】利用 random()函数随机产生 0～99 之间的整数。

程序参考代码：

```
#include <stdlib.h>
#include <stdio.h>
#include <time.h>
int main(void)
{
   int i;
   printf("随机产生 0—99 整数\n");
   for(i=0;i<10;i++)
      printf("%d,",random(100));
}
```

3. randomize()函数

调用格式：

```
randomize();
```

功能：初始化随机数发生器，即播撒随机种子，负责产生数的随机性（每次产生的随机数不同）。注意若要再次 randomize()初始化，需在上次初始化 1 秒后才能进行。

【例 4-9】每次产生不同的 0～99 之间的整数。

```
#include <stdlib.h>
#include <stdio.h>
#include <time.h>
int main(void)
{
   int i;
   randomize();
   printf("随机产生 10 个 0—99 的整数\n");
   for(i=0;i<10;i++)
      printf("%d\n",random(100));
}
```

运行结果：

随机产生 10 个 0—99 的整数：

13,26,22,66,59,34,24,14,52,87

如何产生某一范围内的随机整数呢？即如何产生任意整数区间[a,b]内的一个整数？前面介绍的函数 random(n)产生[0,n]区间的整数，所以要产生[a,b]区间的整数公式为 random(b−a+1)+a。

【例 4-10】随机产生 N 个两位整数，并对其进行排序。

分析：定义一个数组用来存放 N 个两位数，循环 N 次，每次产生的数的范围是 10～99，可用 random(100)+10 来实现，然后对数组排序即可。

程序参考代码：

```c
#include "stdio.h"
#include"stdlib.h"
#define N  10
main()
{
    int i,j,t,a[N];
    randomize();
    for(i=0;i<N;i++)
        a[i]=random(90)+10;
    printf("产生的原始数据: ");
    for(i=0;i<N;i++)
        printf("%d ",a[i]);
    printf("\n");
    for(i=0;i<N-1;i++)
        for(j=i+1;j<N;j++)
            if(a[i]>a[j])
                {t=a[i];a[i]=a[j];a[j]=t;}
    printf("输出排序后数据: ");
    for(i=0;i<N;i++)
        printf("%d ",a[i]);
}
```

运行结果：

```
产生的原始数据: 63 87 65 68 15 13 17 28 58 58
输出排序后数据: 13 15 17 28 58 58 63 65 68 87
```

拓展知识

1. 指针数组

当一个数组中的所有元素都是指针时，这种数组就是指针数组。指针数组也有一维或多维之分。一维指针数组的定义格式为：

类型标识符 *指针数组名[长度]；

例如：

```c
int *a[10];
```

上述语句定义了一个一维指针数组 a，它有 10 个元素 a[0]到 a[9]，每个数组元素都是一个指向 int 型数据的指针。

【例 4-11】利用指针数组输出二维数组的值。

程序参考代码：

```c
#include "stdio.h"
main()
{
    int a[2][3]={{1,2,3},{4,5,6}};
    int i,j,*pa[2];
```

```
    for(i=0;i<2;i++)
    {
        pa[i]=a[i];
        printf("\n");
        for(j=0;j<3;j++)
        printf("%d ",*(pa[i]+j)); /*等价于*(*(pa+i)+j)*/
    }
}
```

运行结果：

1 2 3
4 5 6

2. 指向指针的指针

当一个指针变量存放的是另一个指针变量的地址时,这个指针变量就是指向指针的指针变量,简称指向指针的指针（也称二级指针）,如图 4-4 所示。

图 4-4　指向指针的指针变量

指向指针的指针一般的定义格式：

类型标识符 **指针变量名表;

其中,类型标识符表示指向指针的指针变量所要指向的数据的类型,**表示其后的变量是一个指向指针的指针变量。

例如,设有：

```
int a=5;
int *pa=&a;
int **ppa=*pa;
```

则 pa 就是指向指针 pa 的指针。

通过指向指针的指针也可以访问变量 a 的值。

由于*ppa=pa,所以**ppa=*pa=a=5。

二维数组名也是指向指针的指针,用*(*(a+i)+j)表示数组元素 a[i][j]。

3. 函数的指针和指向函数的指针

（1）函数指针的概念

指针变量可以指向数组,因为数组名代表数组的首地址,如果将数组的首地址赋给一个指针的话,则指该指针指向这个数组。同样指针也可以指向函数,C 语言中函数名表示函数的首地址（一个函数在编译时被分配一个入口地址）,即函数执行时的入口地址,这个入口地址就称为函数的指针。所以,当把函数名赋给一个指针变量时,该指针变量的内容就是该函数的入口地址,此时该指针就称为指向函数的指针,因此函数指针就是指向函数的指针。

定义格式：

类型标识符 （*函数指针名） （）;

例如：

```
int (*p_fun)();
```

其中，类型标识符表示指针所指向的函数的数据类型。

（2）用函数指针变量调用函数

之前函数调用是通过函数名调用的，其实也可以通过函数指针来调用。方法是先定义函数指针，然后将函数的地址（即函数名）赋给函数指针，这样就可以通过函数指针来调用该函数了。

【例 4-12】求任意两个数中的最大值。

程序参考代码：

```
#include "stdio.h"
main()
{
    int(*p)();
    int x,y,max;
    int fmax();          /*函数引用声明*/
    p=fmax;              /*函数指针指向fmax()函数*/
    printf("请输入任意两个数: ");
    scanf("%d%d",&x,&y);
    max=(*p)(x,y);       /*通过函数指针调用函数*/
    printf("max=%d",max);
}
int fmax(int a,int b)
{
    int c;
    if(a>b)
    c=a;
    else
    c=b;
    return c;
}
```

通过此例可以看出，用函数指针调用函数其实就是将原来的函数名部分用函数指针代替即可实参不变。

任务实现

定义一个 zx[7] 数组和 p 指针，用于存储随机产生 6 个 1～33 之间的红球号码，一个 1～16 之间的蓝球号码。在产生的红球号码时要保证不能有重复。

程序参考代码：

```
#include "stdio.h"
#include"stdlib.h"
main()
{
    int zx[7],i,j,t,*p;
    p=zx;
    randomize();
    for(i=0;i<6;i++)
    {
```

```
    *(p+i) = random(33)+1;
    for(j=0;j<i;j++)/*保证红球号码不能有重复的*/
    if(*(p+i)==*(p+j))
        {  i--;j=7;}
}
 *(p+i)=random(16)+1;
 for(i=0;i<5;i++)
    for(j=i+1;j<6;j++)
      if(*(p+i)>*(p+j))
      {t=*(p+i);*(p+i)=*(p+j);*(p+j)=t;}
    printf("机选的号码为红球: ");
    for(i=0;i<6;i++)
      printf("%d ",*(p+i));
    printf("蓝球: %d\n",*(p+i));
}
```

运行结果如图 4-5 所示。

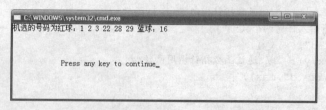

图 4-5　机选号码运行界面

模拟训练

随机产生 N 个 4 位整数，输出其中的所有素数。

任务 3　随机生成中奖号码并模拟双色球兑奖

任务目标

- 进一步掌握随机函数的使用方法；
- 理解和掌握指针的相关知识；
- 会进行数据比较与统计。

任务描述

投注号码分自选和机选，中奖号码随机产生。要求有显示菜单，根据菜单选择投注方式，给出兑奖信息。

任务分析

定义三个函数，一个函数完成用户自选号码的输入，一个函数完成机选号码的输入（前两个任务已完成）；一个函数完成中奖比对统计。主函数完成菜单的显示和选择。在比对统计函数中，设置两个数组分别存放用户选择的号码，及随机产生的中奖号码。循环比较两个数组里的值进行对比统计，计算出中奖结果。根据中奖规则，可设置两个变量 k1 和 k2，k1 表示符合红球的次数，k2 表示符合蓝球的情况。

背景知识

随机函数、指针数组、数据的比较与排序方法

随机函数、指针数组、数据的比较与排序方法，这些知识前面都已介绍，这里不再赘述。

任务实现

程序参考代码：

```c
#include "stdio.h"
#include "stdlib.h"
#include "time.h"
#include "dos.h"
void zxhm();
void jxhm();
void djcx();
int zx[7],zj[7],*p,*pz,k1=0,k2=0;           /*定义全局数组、指针、变量*/
void main()
{
  int x;
  gotoxy(20,10);
  printf("******欢迎使用本彩票系统******");
  gotoxy(20,12);
  printf("*    1. 自选投注号码          *");
  gotoxy(20,14);
  printf("*    2. 机选投注号码          *");
  gotoxy(20,16);
  printf("*    3. 退出系统              *");
  gotoxy(20,18);
  printf("******欢迎使用本彩票系统******");
  gotoxy(20,20);
  printf("请选择（1~3）: ");
  scanf("%d",&x);
  switch(x)
  {
    case 1:zxhm(); break;
    case 2:jxhm(); break;
    case 3:exit(0); break;
    default:printf("选择错误! ");
  }
}
/*自选号码*/
void zxhm()
{
  int i,j,t;
```

```
    p=zx;
    printf("\n 请输入红球号码: ");
    for(i=0;i<6;i++)
       scanf("%d",(p+i));
    printf("请输入蓝球号码: ");
    scanf("%d",(p+i));
    for(i=0;i<5;i++)
       for(j=i+1;j<6;j++)
         if(*(p+i)>*(p+j))
         {t=*(p+i);*(p+i)=*(p+j);*(p+j)=t;}
    printf("\n 您的投注号码为红球: ");
    for(i=0;i<6;i++)
       printf("%d ",*(p+i));
    printf("蓝球: %d\n",*(p+i));
    djcx();
}
/*机选号码程序*/
void jxhm()
{
   int i,j,t;
   p=zx;
   randomize();
   for(i=0;i<6;i++)
   {  *(p+i) = random(33)+1;
      for(j=0;j<i;j++)           /*保证红球号码不能有重复的*/
        if(*(p+i)==*(p+j))
           {  i--;j=7;}
   }
   *(p+i)=random(16)+1;
   for(i=0;i<5;i++)
      for(j=i+1;j<6;j++)
         if(*(p+i)>*(p+j))
         {t=*(p+i);*(p+i)=*(p+j);*(p+j)=t;}
   printf("\n 机选的号码为红球: ");
   for(i=0;i<6;i++)
      printf("%d ",*(p+i));
   printf("蓝球: %d\n",*(p+i));
 djcx();
}

void djcx()/*兑奖程序*/
{
   int i,j,t;
   long int  k;
   for(k=0;k<1000000000;k++);/* 延时等待, 因为 randomize()需 1 秒后才能重新启动*/
   pz=zj;
   randomize();
   for(i=0;i<6;i++)
   {  *(pz+i) = random(33)+1;
      for(j=0;j<i;j++)            /*保证红球号码不能有重复的*/
```

```
        if(*(pz+i)==*(pz+j))
          {  i--;j=7;}
      }
    *(pz+i)=random(16)+1;
     for(i=0;i<5;i++)
        for(j=i+1;j<6;j++)
          if(*(pz+i)>*(pz+j))
            {t=*(pz+i);*(pz+i)=*(pz+j);*(pz+j)=t;}
    printf("本期中奖号码为红球: ");
     for(i=0;i<6;i++)
        printf("%d ",*(pz+i));
     printf("蓝球: %d\n\n",*(pz+i));
for(i=0;i<6;i++)
  if(*(p+i)==*(pz+i))
     k1++;
  if(*(p+6)==*(pz+6))
     k2++;
  if(k1==6&&k2==1)
     printf("恭喜你中了一等奖\n ");
  else if(k1==6&&k2==0)
     printf("恭喜你中了二等奖\n ");
  else if(k1==5&&k2==1)
     printf("恭喜你中了三等奖\n ");
  else if(k1==5&&k2==0||k1==4&&k2==1)
     printf("恭喜你中了四等奖\n ");
  else if(k1==4&&k2==0||k1==3&&k2==1)
     printf("恭喜你中了五等奖\n ");
  else if(k1==2&&k2==1||k1==1&&k2==1||k1==0&&k2==1)
     printf("恭喜你中了五等奖\n ");
  else
     printf("对不起没有中奖\n ");
}
```

运行结果如图 4-6 所示。

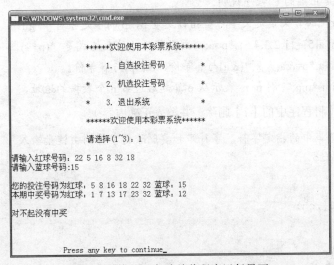

图 4-6 模拟双色球兑奖程序运行界面

模拟训练

利用字符指针实现将字符串 str1 的内容复制 str2 中。

习　题

一、选择题

1. 若有 int *p,a;，则语句 p=&a;中的运算符 "&" 的含义是（　　　）。

    A. 位运算符　　　　　　B. 逻辑与运算　　C. 取指针值　　　D. 取变量地址

2. 若有 int a,*p=&a ;，则函数调用中错误的是（　　　）。

    A. scanf("%d",&a);　　　　　　　　　　　　B. scanf("%d",p);

    C. printf("%d",a);　　　　　　　　　　　　D. scanf("%d",*p);

3. 若有 int x,*px;，则正确的赋值表达式是（　　　）。

    A. px=&x　　　　　　B. px=x　　　　　C. *px=&x　　　D. *px=*x

4. 若有 int I,j=5,*p=&j;，则等价的语句是（　　　）。

    A. px=&x　　　　　　B. px=x　　　　　C. *px=&x　　　D. *px=*x

5. 若有 int a[10],i=2,*p=a;，则在下列描述中，错误表示数组元素的是（　　　）。

    A. a[i+5]　　　　　　B. (p+i)　　　　　C. *(i+a)　　　D. *((p++)+i)

二、判断题

1. 若有定义 int a;int *p=&a;，则 a++与 p++是等价的。　　　　　　　　　　　　（　　　）

2. 在 C 语言中只能通过 "&" 运算符取变量的地址。　　　　　　　　　　　　　（　　　）

3. 若有定义 int a[10];　int *p=a;，则 a++与 p++是等价的。　　　　　　　　　（　　　）

4. 若有定义 int a[2][3]; int *p;，则 p=a;是正确的。　　　　　　　　　　　　　（　　　）

5. 可以通过函数指针调用函数。　　　　　　　　　　　　　　　　　　　　　　（　　　）

6. int i,*p=&i;是正确的 C 程序说明。　　　　　　　　　　　　　　　　　　　（　　　）

7. char *p="girl";的含义是定义字符型指针变量 p，p 的值是字符串"girl"。　　　（　　　）

8. 设有定义 int a[5]={1,2,3,4,5},*p=a;，则数值为 4 的表达式是 *(p+4)。　　　（　　　）

9. 设有定义 int a,*p=&a;，则 *(&a)与 a 等价，&(*p)与 p 等价。　　　　　　　（　　　）

10. 设有定义 int *p,n;，则 p+n 表示从 p 算起后边第 n 个数据的地址。　　　　（　　　）

三、程序填空（将程序中的【?】删除，并填入正确内容）

功能：删除字符串中的指定字符，字符串和要删除的字符均由键盘输入。

```
#include <stdio.h>
main()
{
  char str[80],ch;
  int i,k=0;
  gets(【?】);
  ch=getchar();
  for(i=0;【?】;i++)
```

```
    if(str[i]!=ch)
    {
        【?】;
        k++;
    }
    【?】;
    puts(str);
}
```

四、程序改错（改下程序中/**********FOUND**********/下面一行中的错误之处）

功能：写一个函数，求一个字符串的长度，在 main()函数中输入字符串，并输出其长度。

```
#include <stdio.h>
#include <conio.h>
int length(char *p)
{
    int n;
    n=0;
    /**********FOUND**********/
    while(*p=='\0')
    {
        n++;
        p++;
    }
    return n;
}
main()
{
    int len;
    /**********FOUND**********/
    char *str[20];
    printf("please input a string:\n");
    scanf("%s",str);
    /**********FOUND**********/
    len==length(str);
    printf("the string has %d characters.",len);
}
```

五、程序设计（用指针实现）

1. 编写程序，求圆的周长和面积。

2. 编写程序，输入三个实数，按从小到大的顺序排序输出。

3. 编写程序，输入一个字符串，输出倒序后的字符串。

4. 编写程序，用指针的方法，输入一行文字，统计其中大写字母、小写字母、空格、数字以及其他字符的个数。

第 5 单元
图形与动画设计

学习目标

- 熟悉常用绘图函数的使用方法;
- 了解动画的实现方法;
- 能设计图形程序和简单的动画程序。

单元描述

利用 C 语言的相关知识设计绘制图形程序和简单动画程序。

设计分析

要完成图形设计和动画设计任务，首先要了解图形模式的加载方法，然后利用绘图函数绘制出相关图形，再根据产生动画的方法实现动画设计。因此，可将本单元分解成以下 2 个任务：

任务 1　图形设计;

任务 2　动画设计。

任务 1　图 形 设 计

任务目标

- C 语言的图形模式的加载方法;
- 常用绘图函数的应用;
- 会用图形工具函数，在屏幕上绘制几何图形。

任务描述

利用绘图函数进行图形设计，如设计一个卡通熊猫头像，如图 5-1 所示。

图 5-1　绘制卡通熊猫头像

任务分析

在 C 语言中的 graphics.h 函数库中，提供了众多几何作图工具，用来在屏幕上绘制几何图形。由于几何绘图需要在图形模式下进行，所以在绘图前首先要设置屏幕显示模式为图形模式，然后设置背景色和前景色，利用基本绘图函数，画出相应图形，并填充颜色。

背景知识

图形设计在计算机应用领域占有很重要的地位，广泛应用于计算机辅助设计和辅助制造等方面，而且软件本身也越来越多地以图形界面进行人机交互。Turbo C 提供了非常丰富的实现图形处理功能的函数，所有图形函数的原型均在 graphics.h 函数库中。使用图形函数时要确保加载显示器图形驱动程序*.bgi，同时将集成开发环境 Options/Linker 中的 graphics lib 设置为 on，只有这样才能保证正确使用图形函数。

下面介绍图形模式的初始化、独立图形程序的建立方法；绘制基本图形的函数；图形窗口以及图形模式下的文本输出等函数。

1. 图形模式的初始化

不同的显示适配器具有不同的图形分辨率。即使是同一显示适配器，在不同模式下其分辨率也不尽相同。因此，在屏幕作图之前，必须根据显示适配器种类将显示器设置成某种图形模式。

Turbo C 在普通字符模式下规定：整个屏幕的左上角坐标为(1,1)，右下角坐标为(80,25)。并规定沿水平方向为 x 轴，方向向右；沿垂直方向为 y 轴，方向向下。

在图形模式下，是按像素来定义坐标的。对 VGA 适配器，它的最高分辨率为 640×480，其中 640 为整个屏幕从左到右所有像素的个数，480 为整个屏幕从上到下所有像素的个数。屏幕的左上角坐标为(0,0)，右下角坐标为(639,479)，水平方向从左到右为 x 轴正向，垂直方向从上到下为 y 轴正向。Turbo C 的图形函数都是相对于图形屏幕坐标，以像素为度量单位。

在未设置图形模式之前，计算机系统默认屏幕为字符模式（80 列，25 行字符模式），此时所有图形函数均不能工作。需用图形初始化函数设置屏幕为图形模式。

其一般格式为：

```
void far initgraph(int far *driver,int far *mode,char *path);
```

其中，driver 和 mode 分别表示图形驱动器和模式，path 是指图形驱动程序所在的目录路径。有关图形驱动器、图形模式的符号常数及对应的分辨率如表 5-1 所示。

表 5-1　图形驱动器和模式的符号常数

图形驱动器（driver）		图形模式（mode）		色　调	分　辨　率
符号常数	数　值	符号常数	数　值		
EGA	3	EGAL	1	16 色	640×200
		EGAHI	1	16 色	640×350
VGA	9	VGAHI	2	16 色	640×480
PC3270	10	PC3270HI	0	2 色	720×350
DETECT	0	用于硬件测试			

图形驱动程序由 Turbo C 出版商提供，文件扩展名为.bgi。根据不同的图形适配器有不同的图形驱动程序。例如，对于 EGA、VGA 图形适配器就调用驱动程序 EGAVGA.bgi。

【例 5-1】使用图形初始化函数设置 VGA 高分辨率图形模式。

程序参考代码：

```
#include "graphics.h"
int main()
{
    int driver,mode;
    driver=VGA;
    mode=VGAHI;
    initgraph(&driver,&mode," ");
    rectangle(100,100,300,250);
    getch();
    closegraph();
    return  0;
}
```

运行结果：

是在屏幕上，以（100,100）点为左上角，以（300,250）为右下角画一个矩形。

有时，如果不知道所用的显示器适配器种类，或者需要将编写的程序用于不同图形驱动器，如何获取显示器适配器的驱动和模式参数呢？Turbo C 提供了一个自动检测显示器硬件的函数，其调用格式为：

```
void far detectgrap(int * driver,*mode);
```

其中，driver 和 mode 的意义与上面相同。

【例 5-2】自动进行硬件测试后进行图形初始化。

程序参考代码：

```
#include "graphics.h"
int main()
{
    int driver,mode;
    detectgraph ( &driver,&mode ) ;
    printf("the graphics driver is %d,mode is %d\n",driver,mode);
    getch();
    initgraph(&driver,&mode," ");
    rectangle(100,100,300,250);
    getch();
    closegraph();
    return 0;
}
```

上面例程序中首先对图形显示器自动检测，然后用图形初始化函数进行初始化设置，但 Turbo C 提供了一种更简单的方法，即用 driver=DETECT 语句后再跟 initgraph()函数就行了。采用这种方法后，例 5-2 可改写为例 5-3。

【例 5-3】自动进行硬件测试后进行图形初始化。

程序参考代码：

```
#include "graphics.h"
int main()
```

```
{
    int driver=DETECT,mode;
    initgraph(&driver,&mode,"c:\\tc");
    rectangle(100,100,300,250);
    getch();
    closegraph();
    return 0;
}
```

若要退出图形模式可用 Turbo C 提供的 closegraph()函数。

其调用格式为：

```
void far closegraph(void);
```

调用该函数后可退出图形状态而进入文本方式（Turbo C 默认方式），并释放用于保存图形驱动程序和字体的系统内存。

2. 独立图形运行程序的建立

对于用 initgraph()函数直接进行的图形初始化程序，在编译和连接时并没有将相应的驱动程序（*.bgi）装入到执行程序，当程序执行到 initgraph()语句时，才从该函数中第三个形式参数 char *path 所规定的路径中去找相应的驱动程序。若没有驱动程序，则在 C:\TC 中去找；如 C:\TC 中仍没有或 TC 不存在，将会出现错误：

```
BGI Error: Graphics not initialized(use "initgraph")
```

因此，为了使用方便，应该建立一个不需要驱动程序就能独立运行的可执行图形程序。Turbo C 中规定用下述步骤（这里以 EGA、VGA 显示器为例）：

（1）在 C:\TC 子目录下输入命令：BGIOBJ EGAVGA。

此命令将驱动程序 EGAVGA.BGI 转换成 EGAVGA.OBJ 的目标文件。

（2）在 C:\TC 子目录下输入命令：TLIB LIB\GRAPHICS.LIB+EGAVGA。

此命令的意思是将 EGAVGA.OBJ 的目标模块装到 GRAPHICS.LIB 库文件中。

（3）在程序中 initgraph()函数调用之前加上一句：

```
Registerbgidriver(EGAVGA_driver);
```

该函数告诉连接程序在连接时，把 EGAVGA 的驱动程序装入到用户的执行程序中。

经过上面处理，编译连接后的执行程序可在任何目录或其他兼容机上运行。假设已完成了前面两个步骤，再向例 5-3 中添加 registerbgidriver() 函数语句，程序如例 5-4 所示。

【例 5-4】建立图形的独立运行程序。

程序参考代码：

```
#include "stdio.h"
#include "graphics.h"
int main()
{
    int driver=DETECT,mode;
    registerbgidriver(EGAVGA_driver);
    initgraph(&driver,&mode,"c:\\tc");
    rectangle(100,100,300,250);
    getch();
    closegraph();
```

```
    retuin 0;
}
```

上例程序编译、连接后产生的执行程序可独立运行。

3. 屏幕颜色的设置和清屏函数

屏幕颜色分为背景色和前景色。用下面两个函数来实现。

```
void far setbkcolor(int color);        /*用于设置背景色*/
void far setcolor(int color);          /*用于设置前景色*/
```

其中，color 为图形方式下颜色的规定数值，有关颜色的符号常数及数值如表 5-2 所示。

表 5-2　有关屏幕颜色的符号常数表

符 号 常 数	数　值	含　义	符 号 常 数	数　值	含　义
BLACK	0	黑色	DARKGRAY	8	深灰
BLUE	1	蓝色	LIGHTBLUE	9	深蓝
GREEN	2	绿色	LIGHTGREEN	10	淡绿
CYAN	3	青色	LIGHTCYAN	11	淡青
RED	4	红色	LIGHTRED	12	淡红
MAGENTA	5	洋红	LIGHTMAGENTA	13	淡洋红
BROWN	6	棕色	YELLOW	14	黄色
LIGHTGRAY	7	淡灰	WHITE	15	白色

清除图形屏幕内容使用清屏函数，其调用格式如下：

```
void far cleardevice(void);
```

4. 绘图函数

（1）画点函数 putpixel()

格式：`void far putpixel(int x,int y,int color)`

功能：在坐标（x,y）处以 color 指定的颜色绘制一个点。color 的取值参见表 5-2。

另外，利用 getpixel()函数可用获取当前点的颜色。其格式为：

```
int far getpixel (int x,int y);
```

该函数获取并返回当前点（x,y）的颜色值。

（2）画线函数 lineto()和 linerel()

lineto()函数有以下两种调用格式。

调用格式 1：

```
void far lineto(int x0,int y0,int x1,int y1);
```

功能：从点(x0,y0)到(x1,y1)画一条直线。

调用格式 2：

```
void far lineto(int x,int y);
```

功能：从现行游标到点(x,y)画一条直线。

linerel()函数的调用格式为：

```
void far linerel(int dx,int dy);
```

功能：从现行游标(x,y)到相对增量确定的点(x+dx,y+dy)画一条直线。

【例 5-5】画线函数的应用，画一个三角形。

程序参考代码：

```
#include "conio.h"
#include "graphics.h"
main()
{
    int  x,y;
    int gd=DETECT,gm=0;
    initgraph(&gd,&gm,"");
    setbkcolor(2);
    setcolor(15);
    line(50,250,250,250);
    line(50,250,50,50);
    line(50,50,250,250);
    getch();
}
```

运行结果如图 5-2 所示。

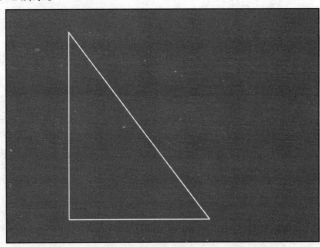

图 5-2　例 5-5 的运行结果图形

（3）画圆函数 circle()

调用格式为：

`void far circle(int x,int y,int radius);`

功能：以(x,y)为圆心，radius 为半径，画一个圆。

（4）画圆弧函数 arc()

调用格式为：

`void far arc(int x,int y,int stangle,int endangle,int radius);`

功能：以(x,y)为圆心，radius 为半径，从 stangle 开始到 endangle 结束（用° 表示）画一段圆弧线。在 Turbo C 中规定 x 轴正向为 0° ，逆时针方向选择一周依次为 90° 、180° 、270° 和 360° （其他有关函数也按此规定）。

（5）画椭圆函数 ellipse()

调用格式为：

```
void ellipse(int x,int y,int stangle,int endangle,int xradius,int yradius);
```

功能：以(x,y)为中心，xradius,yradius 为 x 轴和 y 轴半径，从角 stangle 开始到 endangle 结束画一段椭圆线，当 stangle=0,endangle=360 时，画出一个完整的椭圆。

（6）画空心矩形函数 rectangle()

调用格式为：

```
void far rectangle(int x1,int y1,int x2,int y2);
```

功能：以(x1,y1)为左上角，(x2,y2)为右下角画一个空心矩形框。

（7）画实心矩形函数 bar()

调用格式为：

```
void far bar(int x1,int y1,ing x2,int y2);
```

功能：以(x1,y1)为左上角，(x2,y2)为右下角画一个实心矩形。

（8）画多边形函数 drawpoly()

调用格式为：

```
void far drawpoly(int numpoints,int far *polypoints);
```

功能：画一个顶点数为 numpoints，各顶点坐标由 polypoints 给出的多边形。整型数组 polypoints 须至少有 2 倍于顶点数个元素。每一个顶点的坐标都定义为 x、y，并且 x 在前。值得注意的是当画一个封闭的多边形时，numpoints 的值取实际多边形的顶点数加一，并且数组 polypoints 中第一个和最后一个点的坐标相同。

5．封闭图形的填充

默认情况下绘制出的封闭图形都是单白色实心填充，若需要设置填充样式和填充色，可以利用 setfillstyle()和 floodfill()函数来实现。

（1）设定填充方式和颜色 setfillstyle()

调用格式为：

```
void far setfillstyle(int pattern,int color);
```

其中，pattern 为填充样式，其取值如表 5-3 所示；color 的值是当前屏幕图形模式时颜色。

表 5-3　各填充样式符号常数的数值及含义

符 号 常 数	数 值	含 义
EMPTY_FILL	0	以背景颜色填充
SOLID_FILL	1	以实线填充
LINE_FILL	2	以直线填充
LTSLASH_FILL	3	以斜线填充（阴影线）
SLASH_FILL	4	以粗斜线填充（粗阴影线）
BKSLASH_FILL	5	以粗反斜线填充（粗阴影线）
LTBKSLASH_FILL	6	以反斜线填充（阴影线）
HATCH_FILL	7	以直方网格填充

续表

符 号 常 数	数 值	含 义
XHATCH_FILL	8	以斜网格填充
INTTERLEAVE_FILL	9	以间隔点填充
WIDE_DOT_FILL	10	以稀疏点填充
CLOSE_DOS_FILL	11	以密集点填充
USER_FILL	12	以用户定义式样填充

另外，用户也可以用 void far setfillpattern(char * upattern,int color);自定义填充样式进行填充。其中，参数 upatten 是一个执行 8 个字节存储区的指针，这 8 个字节存储了 8×8 像素构成的填充图模，其中每个字节代表一行，每个字节的一个二进制位表示该位上是否有像素点，如果为 1，显示由 color 指定的颜色像素；如果为 0，则不显示。

（2）任意封闭图形的填充函数 floodfill()

调用格式为：

```
void far floodfill(int x, int y,int border);
```

其中，x、y 为封闭图形内的任意一点。border 为边界的颜色，也就是封闭图形轮廓的颜色。

功能：用 setfillstyle()函数设定的样式和颜色对以 border 为边界色以(x,y)为填充种子（封闭图形内的任意一点）的封闭图形进行填充。

注意：

① 如果 x 或 y 取在边界上，则不进行填充。

② 如果不是封闭图形则填充会从没有封闭的地方溢出去，填满其他地方。

③ 如果 x 或 y 在图形外面，则填充封闭图形外的屏幕区域。

④ 由 border 指定的颜色值必须与图形轮廓的颜色值相同，但填充色可选任意颜色。

例 5-6 是有关 floodfill()函数的用法，该程序填充了 bar3d()所画长方体中其他两个未填充的面。

【例 5-6】画一个矩形和一个圆并设置填充色。

程序参考代码：

```
#include "graphics.h"
#include "stdio.h"
main()
{
    int gdriver, gmode;
    gdriver=DETECT;
    initgraph(&gdriver, &gmode, " ");
    setbkcolor(BLUE);
    cleardevice();
    setcolor(LIGHTRED);
    setlinestyle(0,0,3);
    setfillstyle(1,14);              /*设置填充方式*/
    circle(200,200,150);
    floodfill(120,120, LIGHTRED);    /*画圆并填充*/
    rectangle(450,400,500,450);      /*画一矩形*/
    floodfill(470,420, LIGHTRED);    /*填充矩形*/
    getch();
```

```
    closegraph();
}
```

运行结果如图 5-3 所示。

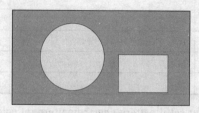

图 5-3　例 5-6 运行结果图形

拓展知识

1. 设置线型和宽度函数

在画线时，线条的颜色由 setcolor() 指定，线型和宽度可由函数 setlinestyle() 来设置。

格式为：

`setlinestyle(int style,int pattern,int thickness)`

功能：设置当前画线宽度和类型。

其中，Style 是线条样式，取值如表 5-4 所列的各种线条样式，默认为实线。但该参数不影响圆、圆弧、椭圆和扇形的线型。

表 5-4　各线条样式的数值及中英文说明

数　　值	英　文　说　明	中　文　说　明
0	SOLIN_LINE	实心线
1	DOTTED_LINE	点线
2	CENTER_LINE	中心线
3	DASHED_LINE	断续线
4	USERBIT_LINE	用户自定义线

thickness：线条的宽度，可选值 1（NORM_WIDTH）和 3（THICK_WIDTH）。

pattern 仅在用户自定义线型时才有意义（其他情况下取值为 0）。以 16 位数值代表线条，一位代表一点。

例如，setlinestyle(SOLIN_LINE，0，THICK_WIDTH) 表示设置当前画线类型为实心线，宽度为 3。

2. 图形模式下文本的输出

在图形模式下，printf()、putchar() 等标准函数只能输入 80 列 25 行的白色字符文本，无法与多种图形模式有效地配合。为此，Turbo C 提供了一些专门用在图形模式下的文本输出函数，用来控制选择输出位置、输出字符的字体、大小、方向等。

（1）输出文本函数 outtext() 和 outtextxy()

```
outtext(char far *textstring)            /*在当前光标位置输出字符串*/
outtextxy(int x,int y,char *textstring)  /*在指定的(x,y)位置输出字符串*/
```

如：outtextxy(150,150,"hello!"); /*在左上角（150,150）位置开始输出 hello! 字符串*/

（2）设置文本字形函数 settextstyle()

调用格式为：

void settextstyle(int font,int direction,int charsize)

其中，font 设置输出字符的字形，具体如表 5-5 所示；direction 设置输出方向，取值如表 5-6 所示；size 设置输出字符大小，取值如表 5-7 所示。

功能：设置图形文本当前字体、文本显示方向。

表 5-5　font 符号常量的取值（字体表）

符 号 常 量	数　　值	含　　义
DEFAULT_FONT	0	8×8 点阵字（默认值）
TRIPLEX_FONT	1	三倍笔画字体
SMALL_FONT	2	小号笔画字体
SANSSERIF_FONT	3	无衬线笔画字体
GOTHIC_FONT	4	黑体笔画字体

表 5-6　符号常量 direction 的取值

符 号 常 量	数　　值	含　　义
HORIZ_DIR	0	从左到右
VERT_DIR	1	从底到顶

表 5-7　charsize 的符号常量或数值

符号常量或数值	含　　义	符号常量或数值	含　　义
0	用户自定义大小	6	48×48 点阵
1	8×8 点阵	7	56×56 点阵
2	16×16 点阵	8	64×64 点阵
3	24×24 点阵	9	72×72 点阵
4	32×32 点阵	10	80×80 点阵
5	40×40 点阵		

任务实现

程序参考代码：

```
#include "graphics.h"
#include "stdio.h"
main()
{
    int driver,mode;
    driver=DETECT;
    initgraph(&driver,& mode,"");
    setbkcolor(14);
    setcolor(1);
    /*耳朵*/
```

```
    circle(150,100,30);
    circle(300,100,30);
    setfillstyle(1,8);
    floodfill(300,100,1);
    floodfill(150,100,1);
    /*头*/
    ellipse(225.5,170,0,360,80,90);
    /*眼睛*/
    ellipse(190,140,0,360,10,21);
    ellipse(260,140,0,360,10,21);
    ellipse(192,145,0,360,5,14);
    ellipse(258,145,0,360,5,14);
    floodfill(192,145,1);
    floodfill(258,145,1);
    /*鼻子*/
    line(225.5,170,215,195);
    line(215,195,236,195);
    line(236,195,225.5,170);
    floodfill(225.5,175,1);
    ellipse(225.5,220,0,360,20,5);
    getch();
}
```

运行结果如图 5-4 所示。

图 5-4　卡通熊猫图形设计运行界面

模拟训练

仿照卡通熊猫头像的设计过程，分别完成如图 5-5 所示图形的设计。

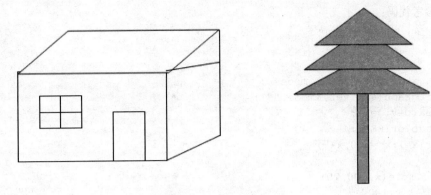

图 5-5　模拟绘制基本图形

任务 2　动 画 设 计

📺 任务目标

- 了解产生动画的方法；
- 能够编写图形方式下实现动画的程序。

📝 任务描述

编写模拟两个小球动态碰撞过程的动画程序，要求两个小球在屏幕上沿水平方向相对运动，碰撞后返回，如此反复。

📊 任务分析

首先在屏幕上画两个填充的圆，用循环实现两个圆的往复运动。通过控制坐标位置，实现碰撞效果，当用户有按键时停止碰撞。

📖 背景知识

所谓动画，实质是将一些静止的图形图像以每秒 25 幅以上的速度变化连续显示出来。较常用的方法有清除法、存储再现法、动态窗口法和页交替法 4 种。

1．用清除法实现动画

清除法就是在原地画一幅图，一定时间后将其清除，改变位置后再重画。需使用 cleardevice() 和 delay() 配合，即先画一幅图形，利用 delay() 让它延时一定时间，然后利用 cleardevice() 清屏，再画另一幅，如此反复，形成动画效果。

cleardevice() 函数：清屏幕。

delay(x) 函数：程序暂停(延时)x 毫秒。

【例 5-7】画一个半径为 60 像素的圆，并让它从屏幕的左边水平移动到屏幕的右边。

程序参考代码：

```c
#include "graphics.h"
main()
{
    int x,driver=DETECT,mode=0;
    initgraph(&driver,&mode,"");
    cleardevice();
    setcolor(RED);
    for(x=1;x<=600;x++)
    {
        circle(x,200,20);
        delay(1000);
        cleardevice();
    }
    closegraph();
}
```

清除法比较适合简单图形的动画设计，对于复杂图形画图形要占较长时间，会使所产生的动画效果变差。更好的动画设计方法是存储再现法。

2. 用存储再现法实现动画

这种方法是在先在屏幕上画出图形，再将图形保存到内存缓冲区内，然后清除屏幕内容，再在新位置重现该图形。相关屏幕操作函数如下：

```c
void far getimage(int x1,int y1, int x2,int y2,void far *mapbuf);
void far putimage(int x,int,y,void * mapbuf, int op);
unsined far imagesize(int x1,int y1,int x2,int y2);
```

这三个函数用于将屏幕上的图像复制到内存，然后再将内存中的图像送回到屏幕上。首先通过函数 imagesize() 测试要保存左上角为(x1,y1)，右上角为(x2,y2)的图形屏幕区域内的全部内容需多少个字节，然后再给 mapbuf 分配一个所测数字节内存空间的指针。通过调用 getimage()函数就可将该区域内的图像保存在内存中，需要时可用 putimage()函数将该图像输出到左上角为点(x,y)的位置上重现，其中函数中的参数*mapbuf 为保存图形缓冲区的首地址；op 规定为图形重现方式，具体取值如表 5-8 所示。

表 5-8　putimage()函数中的 op 值

符 号 常 数	数　　值	含　　义
COPY_PUT	0	复制
XOR_PUT	1	与屏幕图像异或的复制
OR_PUT	2	与屏幕图像或后复制
AND_PUT	3	与屏幕图像与后复制
NOT_PUT	4	复制反像的图形

对于 imagesize()函数，只能返回字节数小于 64 KB 的图像区域，否则将会出错，出错时返回 –1。以上几个函数在图像动画处理、菜单设计技巧中非常有用。

【例 5-8】画一个半径为 30 像素点的着色小球，让它在屏幕中上下弹跳。

程序参考代码：

```
#include "graphics.h"
main()
{
    int i, gdriver, gmode, size;
    void *buf;
    gdriver=DETECT;
    initgraph(&gdriver,&gmode," ");
    setbkcolor(BLUE);
    while(kbhit()==0)
    {
        cleardevice();
        setcolor(LIGHTRED);
        setlinestyle(0,0,1);
        setfillstyle(1,10);
        circle(100,200,30);
        floodfill(100,200,12);
        size=imagesize(69,169,131,231);     /*计算圆所在正方形区域所需的内存*/
        buf=malloc(size);                    /*分配内存*/
        if(!buf) return -1;
        getimage(50,169,131,231,buf);        /*保存图形信息*/
        putimage(500,269,buf,COPY_PUT);      /*重现图像信息*/
        for(i=0;i<280;i++)                   /*小球从屏幕上方向下方运动*/
        putimage(70,170+i,buf,COPY_PUT);
        for(i=0;i<280;i++)                   /*小球从屏幕下方向上方运动*/
        putimage(70,450-i,buf,COPY_PUT);
    }
    getch();
    closegraph();
}
```

拓展知识

动画的实现方法除了上面的两种常用的方法外还有动态窗口法和页交替法。

1. 用动态窗口法实现动画

打开一个图形窗口，在窗口中画一图形，然后使窗口移动。主要思想是：在不同图形窗口设置同样的图像，让窗口沿着 x 轴方向移动，每次新窗口出现前清除上次窗口，从而产生图形沿着 x 轴移动的效果。

首先建立图形窗口，像文本方式下可以设定屏幕窗口一样，图形方式下也可以在屏幕上某一区域设定窗口，只是设定的为图形窗口而已，其后的有关图形操作都将以这个窗口的左上角 $(0,0)$ 为坐标原点，而且可通过设置使窗口之外的区域为不可接触。这样，所有的图形操作就被限定在窗口内进行。

建立窗口的函数为 setviewport()，其调用格式为：

void far setviewport(int x1,int y1,int x2,int y2,int clipflag);

设定一个以 (x1,y1) 为左上角，(x2,y2) 为右下角的图形窗口，其中 x1、y1、x2、y2 是相对于整个屏幕的坐标。若 clipflag 为非 0，则设定的图形以外部分不可接触，若 clipflag 为 0，则图形窗口以外可以接触。

清除窗口的函数为 clearviewport()，其调用格式为：

```
void far clearviewport(void); /*清除现行图形窗口的内容*/
```

说明：

（1）窗口颜色的设置与前面讲过的屏幕颜色设置相同，但屏幕背景色和窗口背景色只能是一种颜色，如果窗口背景色改变，整个屏幕的背景色也将改变。

（2）可以在同一个屏幕上设置多个窗口，但只能有一个现行窗口工作，要对其他窗口操作，只需将定义窗口的 setviewport()函数再用一次即可。

（3）所有图形屏幕操作的函数均适合于对窗口的操作。

【例5-9】设计一个不断变化的立方体，沿着屏幕从左往右移动。

程序参考代码：

```c
#include "graphics.h"
#include "dos.h"
main()
{
    int i,driver=DETECT,mode=0;
    void movecircle(int);
    initgraph(&driver,&mode,"");
    setcolor(RED);
    for(i=1;i<=50;i++)
    {
        setfillstyle(1,i);
        movecircle(i*10);
    }
    closegraph();
}
void movecircle(int xr)
{
    setviewport(xr,0,639,199,1);/*设置图形窗口*/
    setcolor(5);
    bar3d(10,120,60,150,140,1);
    floodfill(70,130,5);
    floodfill(30,110,5);
    delay(2000);
    clearviewport();
}
```

2. 用页交替法实现动画

图形方式下存储在显示缓存（VRAM）中的一满屏图像信息称为一页。每个页一般为 64 KB，最多存储 8 页。Turbo C 在图形方式下最多支持存储 4 页。由于一次只能显示 1 页，所以必须设定某页为当前显示页（可视页，此时图形可见），默认时定为 0 页。用户正在编写图形的页为当前编辑页（激活页），该页上的图形将不被显示。默认时为 0 页。可通过设置激活页和显示页函数进行设置。

```
void far setactivepage(int pagenum); /*设置 pagenum 为编辑页*/
void far setvisualpage(int pagenum); /*设置 pagenum 为显示页*/
```

页交替法就是利用上面的两个函数将编辑页和显示页分开，在编辑页上画好图形后，立即设置它为显示页，停留一定时间，然后在上次的显示页（现在为编辑页）上画图形，又再次交换。通过如此编辑页和显示页不断交换，产生动画效果。

任务实现

程序参考代码：

```c
#include "graphics.h"
main()
{
  int i, gdriver,gmode,size;
  void *buf;
  gdriver=DETECT;
  initgraph(&gdriver,&gmode,"c:\\caic\\bgi");
  setbkcolor(BLUE);
  while(kbhit()==0)
  {
    cleardevice();
    setcolor(LIGHTRED);
    setlinestyle(0,0,1);
    setfillstyle(1,10);
    circle(100,200,30);
    floodfill(100,200,12);
    size=imagesize(69,169,131,231);
    buf=malloc(size);
    if(!buf) return -1;
      getimage(69,169,131,231,buf);
    for(i=0;i<185;i++)
    {
        putimage(70+i,170,buf,COPY_PUT);
        putimage(500-i,170,buf, COPY_PUT);
    }
  for(i=0;i<185;i++)
  {
    putimage(255-i,170,buf,COPY_PUT);
    putimage(315+i,170,buf,COPY_PUT);
    }
  }
  getch();
  closegraph();
}
```

程序说明：程序中碰撞过程的循环显示是用 while(kbiht()==0)来处理的，其中函数 kbhit()是标准函数，其功能是用来检查是否按键，如果有键按下，则返回对应键的 ASCII 码值；否则返回零。所以，表达式 kbhit()==0 表示：如果用户没按键，程序将永远循环下去。

运行结果如图 5-6 所示。

图 5-6　两球动态碰撞动画的运行界面

模拟训练

设计一个着色的小球，沿着屏幕的左上角向右下角轨道运动。

习　　题

1. 编写程序，在屏幕上画出 10 个半径和颜色不同的同心圆。
2. 编写程序，设计一个小车在屏幕上沿着水平轨道从左到右循环行驶。

第 **6** 单元

成绩管理系统

学习目标

- 理解管理系统的开发过程;
- 能利用结构化程序设计方法编写数据处理的应用程序;
- 能对班级学生成绩管理系统进行分析、设计和调试;
- 能设计小型管理系统。

单元描述

设计一个班级学生成绩管理系统,学生的基本信息包括:学号、姓名、性别及 5 门课成绩,需具备如下功能:

（1）维护功能: 能够添加、删除和修改学生记录信息。

（2）查询功能: 能够根据学号和姓名查询学生的信息。

（3）统计功能: 能够统计班级男女生的人数、统计全班各门课的平均分、各门课优秀的人数和不及格的人数。

（4）报表输出功能: 能够将学生数据报表输出（按学号顺序输出、按总分排名顺序输出）并输出各门课都优秀学生的信息和各门课有不及格的学生信息。

（5）存储和重用功能: 能进行文件的新建、打开和关闭等基本操作,实现学生数据的存储和重用。

设计分析

班级学生成绩管理系统的主要功能是对学生信息进行加工和处理,根据任务要求,系统要完成学生信息的采集、信息的维护、信息查询和报表输出等操作,因此,可将本单元分解成以下 8 个任务:

任务 1 系统设计;

任务 2 学生数据信息结构设计;

任务 3 系统框架设计;

任务 4 学生数据的存储与重用;

任务 5 系统维护模块的设计;

任务 6 数据查询模块的设计;

任务 7 数据统计模块的设计;

任务 8 报表输出模块的设计。

任务 1 系统设计

任务目标

- 理解开发一个管理系统的基本步骤；
- 能根据任务描述画出数据结构列表；
- 能根据任务描述确定系统的功能，画出系统模块结构图；
- 能根据系统模块结构图，列出系统自定义函数列表。

任务描述

进行需求分析，给出数据结构列表，完成系统设计，画出系统功能模块图和自定义函数列表。

任务分析

首先确定要处理的对象并对其进行描述，即画出数据结构列表，班级学生成绩管理系统要处理的对象是学生，学生所包含的基本信息已经明确；然后按照系统功能的总体要求画出功能模块图，班级学生成绩管理系统的总体系统功能已知，再细化一下即可。

背景知识

开发一个信息管理系统的过程

开发一个信息管理系统的过程一般可分为 4 个阶段：

（1）需求分析阶段：根据任务的描述确定要处理的对象并对其进行描述，即每个要处理的对象包括哪些数据，给出数据结构列表；根据系统规模将系统的功能分解为若干个子系统，并确定各子系统的功能。

（2）系统设计阶段：按照系统功能的总体要求，画出功能模块图，通过功能模块图可以清楚地看出系统的层次结构和各功能模块间的关系，为系统的各功能模块命名，并给出各模块函数名的列表。在 C 语言中，每个功能模块对应一个函数，即由函数来实现各功能模块的具体功能。在编程前先给出各函数的名称、参数及返回值类型列表，由团队编写代码，可提高编程效率。

（3）编码调试阶段：先编写出各功能模块所对应的函数并进行调试，然后将各程序模块进行封装并测试。

（4）编写文档阶段：程序调试成功后，要编写程序说明书等文档，对程序进行简单的介绍和说明。

任务实现

1. 需求分析

根据系统的要求，确定班级学生成绩管理系统要处理的学生信息数据如表 6-1 所示。

表 6-1 学生信息数据表

学号	姓名	性别	成绩				
			数学	英语	计算机	政治	体育
201001	张东	男	89	90	85	80	90

根据系统任务的描述，可将班级学生成绩管理系统的功能划分为文件操作、系统维护、信息查询、信息统计和报表输出 5 个子系统，各子系统功能如下：

（1）文件操作

包含功能：

① 新建文件（新建信息）。

② 打开文件（导入信息）。

③ 关闭文件（信息存盘）。

（2）系统维护

包含功能。

① 添加记录信息。

② 删除记录信息。

③ 修改记录信息。

（3）信息查询

包含功能：

① 按学号查询学生信息。

② 按姓名查询学生信息。

（4）信息统计

包含功能：

① 统计班级男女生的人数。

② 统计全班各门课的平均分。

③ 统计各门课成绩优秀的人数和不及格的人数。

（5）报表输出

包含功能：

① 按学号顺序输出。

② 按总分排名顺序输出。

③ 输出成绩优秀的学生信息。

④ 输出成绩不及格的学生信息。

2．系统设计

（1）系统模块结构图

根据前面系统功能描述，可以画出对应的模块结构图，如图 6-1 所示。

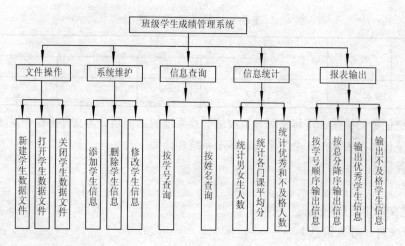

图 6-1　系统结构模块图

（2）系统自定义各函数列表

为方便程序的编写，系统中各函数均设计成无参、无返回值函数，如表 6-2 所示。

表 6-2　系统各函数表

模　块　名	函　数　名	返　回　值	说　　明
班级学生成绩管理系统	main	void	主菜单
文件操作	file	void	菜单1
新建学生数据	create_file	void	功能模块
导入学生数据	load_file	void	功能模块
保存学生数据	save_file	void	功能模块
退出系统	quit	void	功能模块
系统维护	edit	void	子菜单2
添加学生记录	append	void	功能模块
删除学生记录	deleted	void	功能模块
修改记录	modify	void	功能模块
信息查询	search	void	子菜单3
按学号查询	serch_num	void	功能模块
按姓名查询	serch_name	void	功能模块
信息统计	count	void	子菜单4
统计男女生人数	count_people	void	功能模块
统计各门课的平均分	count_aver	void	功能模块
统计各门课优秀的人数和不及格的人数	count_gdbd	void	功能模块
报表输出	print	void	子菜单5
按学号顺序输出学生信息	print_num	void	功能模块
按总分降序输出学生信息	print_tatol	void	功能模块
输出成绩优秀学生	print_good	void	功能模块
输出各门课不及格学生的信息	print_bad	void	功能模块

模拟训练

仿照班级学生成绩管理系统的需求分析和系统设计过程，完成一个通讯录管理系统的需求分析和系统设计。

功能要求：

（1）能够通过键盘录入通讯录记录信息。

（2）通讯录记录信息的显示，要能按自然顺序和排序顺序显示。

（3）通讯录信息查询，能按姓名和按所在城市两种方式查询。

（4）通讯录修改，按指定的记录号修改信息。

（5）通讯录信息删除，按姓名和按编号删除。

（6）通讯录统计，按所在城市统计人数。

（7）建立通讯录文件，能建立或打开通讯录文件，并实现存储通讯录信息。

通讯录信息包括：姓名、电话、所在城市、所在单位、年龄、备注等。

任务 2 学生数据信息结构设计

任务目标

• 掌握结构体的定义方法和结构体变量的定义和应用；
• 能设计学生数据信息的结构。

任务描述

设计班级学生成绩管理系统中学生所含的基本信息，描述其数据结构。

任务分析

（1）学生基本信息包括学号、姓名、性别、5 门功课的成绩。

（2）每个学生的基本信息是不同类型的数据但又是一个有机的整体，所以要用一个能够表示不同类型数据集合的类型——结构体类型。

（3）多个学生的整体信息要用结构体数组来描述。

背景知识

结构体类型的定义和引用

前面介绍了基本数据类型和构造类型中的数组、指针等类型。这些数据类型的特点是它们都是单一的数据。但在学生成绩管理系统中，涉及的学生数据有学号、姓名、性别、各科成绩等，这些数据类型不同，而且由于每个学生的基本信息都是一个整体，那么如何将不同类型的数据定义成一个有机整体呢？C 语言提供的结构体类型可以满足用户的要求。

结构体类型可以将若干个不同类型的数据组合起来形成一个整体。结构体是由若干成员组成的一种构造类型，其中的每个成员可以是基本数据类型或构造类型。

（1）结构体类型的定义

结构体类型必须先定义，后使用。其定义的一般形式为：

```
struct   结构体名
{
  类型标识符  成员名 1;
  类型标识符  成员名 2;
  …
  类型标识符  成员名 n;
};
```

其中，struct 是定义结构体类型的关键字，后跟结构体名，这两部分构成了结构体类型的标识符。每个成员由成员变量的数据类型（由类型表示符指定）及变量名组成。

例如：

```
strcut  student       /*定义一个学生的结构体*/
{
    char num[8];        /*学号 7 位，留一位存放字符串结束标志*/
    char name[11];      /*姓名 10 位*/
    char sex;           /*性别*/
    int age;            /*年龄*/
    float score[3];     /*每个学生有 3 门课成绩*/
}
```

student 结构体中由 5 个成员组成，成员的名称分别为 num（字符数组）、name（字符数组）、sex（字符型）、age（整型）、score（实型数组）。结构体类型定义后，结构中的成员就可进行引用，但不能直接引用，需要通过结构体变量或结构体数组来引用。

（2）结构体变量的定义

结构体变量的定义有三种方法：

① 在定义结构体的同时定义结构体变量。

```
struct   结构体名
{
  数据类型  成员 1;
  数据类型  成员 2;
  …
} 结构体变量名;
```

例如：

```
strcut  student       /*定义一个学生的结构体*/
{
    char num[8];        /*学号 7 位，留一位存放字符串结束标志*/
    char name[11];      /*姓名 10 位*/
    char sex[3];        /*性别*/
    int age;            /*年龄*/
    float score[3];     /*成绩*/
}stu1,stu2;
```

② 先定义结构体，后定义结构体变量，即用已定义过的结构体类型声明变量。

例如：

```
strcut    student         /*定义一个学生的结构体*/
{
    char num[8];          /*学号7位，留一位存放字符串结束标志*/
    char name[11];        /*姓名10位*/
    char sex[3];          /*性别*/
    int age;              /*年龄*/
    float score[3];       /*成绩*/
};
struct  student    stu1,stu2; /*或 struct stu1,stu2;*/
```

③ 直接定义结构体变量，即在定义结构体同时定义结构体变量，但不指定结构体名。

例如：

```
strcut                  /*定义一个学生的结构体*/
{
    char num[8];          /*学号7位，留一位存放字符串结束标志*/
    char name[11];        /*姓名10位*/
    char sex[3];          /*性别*/
    int age;              /*年龄*/
    float score[3];       /*成绩*/
}stu1,stu2;
```

说明：

① 结构类型与结构变量是两个不同的概念，如同 int 类型与 int 型变量的区别一样。

② 结构类型中的成员名，可以与程序中的变量同名，它们代表不同的对象，互不干扰。

③ "结构类型名"和"数据项"的命名规则与变量名相同。

④ 数据类型相同的数据项，既可逐个、逐行分别定义，也可合并成一行定义。

⑤ 结构类型中的数据项，既可以是基本数据类型，也可以是已定义的结构类型。

⑥ 将一个数据项称为结构类型的一个成员（或分量）。

（3）结构体变量的引用

不能将一个结构体变量作为一个整体进行输入和输出，只能对其成员进行引用。

引用方式为：

结构体变量名.成员名

例如，给结构体变量 sut1 赋值。

```
stu1.num="2010001";
stu1.name="张东";
stu1.sex="男";
stu1.age=18;
stu1.score[0]=80;
stu1.score[1]=90;
stu1.score[2]=70;
```

结构体变量的输入和输出：

```
scanf("%s",&stu1.num);
printf("%s",stu1.num);
```

（4）结构体变量的初始化

所谓结构体变量的初始化，就是在定义结构体变量的同时，对其成员变量赋初值。

格式为：

struct 结构体名　结构体变量名={初值数据};

初始化数据的个数和类型要与成员变量的个数和类型相对应，各数据间用逗号来分隔。

例如：

struct student stu1={"2010001","张东",18,80,90,70}

分别按结构体的成员顺序依次为各成员变量赋初值。

【例6-1】结构体数据的输入与输出。

程序参考代码：

```
#include "stdio.h"
struct student                          /*定义一个学生的结构体*/
{
   char num[8];                         /*学号7位，留一位存放字符串结束标志*/
   char name[11];                       /*姓名10位*/
   char sex[3];                         /*性别*/
   int age;                             /*年龄*/
   float score[3];                      /*成绩*/
   float ave;                           /*平均分*/
}stu;
main()
{
   int i;
   float sum=0;
   printf("\n学号: ");scanf("%s",stu.num);
   printf("\n姓名: ");scanf("%s",stu.name);
   printf("\n性别: ");scanf("%s",stu.sex);
   printf("\n年龄: ");scanf("%d",&stu.age);
   printf("\n请输入数学、英语、计算机三门课成绩（数据间用空格分隔）: ");
   for(i=0;i<3;i++)
   {
      scanf("%f",&stu.score[i]);        /*输入成绩*/
      sum+=stu.score[i];                /*计算总成绩*/
   }
   stu.ave=sum/3;                       /*求平均成绩*/
   printf("\n学号\t姓名\t性别\t年龄\t数学\t英语\t计算机\t总分\t平均分\n");
   printf("\n%s\t%s\t%s\t%d",stu.num,stu.name,stu.sex,stu.age);
   for(i=0;i<3;i++)
   printf("\t%.2f",stu.score[i]);
   printf("\t%.2f\t%.2f\n",sum,stu.ave);
}
```

运行结果：

学号: 310101↙

姓名: 张东↙

性别: 男↙

年龄: 19↙

请输入数学、英语、计算机三门课成绩（数据间用空格分隔）：80 90 85✓
学号	姓名	性别	年龄	数学	英语	计算机	总分	平均分
310101	张东	男	19	80.00	90.00	85.00	255.00	85.00

（5）结构体数组

一个结构体变量只能存放一个学生的数据，但程序一般都需要处理多个学生的数据，显然应该用数组，这就是结构体数组。结构体数组与以前介绍过的数值型数组不同之处在于每个数组元素都是一个结构体类型的数据，它们都分别包括各个成员（分量）项，即结构体数组中的每个元素都是一个结构体变量，每一个元素存放一个学生的全部数据信息。

① 结构体数组的定义。结构体数组的定义与结构体变量的定义相似，只需说明为数组即可。例如：

```
strcut  student          /*定义一个学生的结构体*/
{
  char num[8];           /*学号7位，留一位存放字符串结束标志*/
  char name[11];         /*姓名10位*/
  char sex;              /*性别*/
  int age;               /*年龄*/
  float score[5];        /*成绩*/
}stu[10];
```

定义了一个结构体数组 stu，由 10 个 struct student 类型的数组元素组成。数组中各元素在内存中连续存放，下标从 0 开始，即 stu[0]～stu[9]。每个数组元素相当于一个结构体变量。

② 结构体数组的引用。结构体数组定义好后，就可以对该结构体数组中的数组元素进行引用。其一般形式为：

数组名[下标].成员名

例如，访问数组 stu 中第 i 个元素的成员，可采用如下形式：

```
stu[i].num        /*表示 stu 数组的第 i 个元素的 num 成员（即第 i 个学生的学号）*/
stu[i].name       /*表示 stu 数组的第 i 个元素的 name 成员（即第 i 个学生的姓名）*/
stu[i].age        /*表示 stu 数组的第 i 个元素的 age 成员（即第 i 个学生的年龄）*/
stu[i].score[j]   /*表示 stu 数组的第 i 个元素的 score 成员的第 j 个元素（即第 i 个学生第 j
                    门课的成绩）*/
```

③ 结构体数组的初始化。与普通数组一样，结构体数组也可在定义时进行初始化。初始化的格式为：

结构体数组名[长度值]={{初值表1},{初值表2},…,{初值表n}};

例如：

```
strcut  student          /*定义一个学生的结构体*/
{
   char num[8];          /*学号7位，留一位存放字符串结束标志*/
   char name[11];        /*姓名10位*/
   int age;              /*年龄*/
}stu[2]={{ "2010001","张东", 18},{"210002","李海",19}};
/*或 strcut  student  stu[2]={{ "2010001","张东",18}, {"210002","李海",19}}*/
```

拓展知识

1. 指向结构体变量的指针

结构体类型的数据与其他类型一样，也可以使用指针。

指向结构体变量的指针称为结构体指针，指针变量的值是其指向的结构体变量的地址。定义结构体变量的一般形式为：

```
struct 结构体名 *指针变量名表;
```

例如：

```
strcut student *pstu;
```

结构体指针定义后需要指向同类型的结构体变量，然后才能使用，即可以通过结构体指针来引用结构体中的成员。

一般引用格式为：

```
结构体指针名->成员名
```

或

```
(*结构体指针名).成员名
```

例如：

```
strcut  student      /*定义一个学生的结构体*/
{
    char num[8];      /*学号7位，留一位存放字符串结束标志*/
    char name[11];    /*姓名10位*/
    char sex[3];      /*性别*/
    int age;          /*年龄*/
    float score[3];   /*成绩*/
}stu,*pstu;
pstu=&stu;
```

所以，stu.num 等价于 pstu->num 或（*pstu）.num，请读者自己用结构体指针的方法对例 8-1 进行改写。

共用体和枚举类型以及利用 TYPE 自定义数据类型也是 C 语言中构造类型，可参看有关资料。

2. 结构体做函数的参数

结构体做函数的参数有三种形式：

（1）结构体变量的成员做函数参数，与普通变量做函数参数一样，是将实参（结构体变量的成员变量）的值向形参进行单向传递。

（2）结构体变量做函数参数。结构体变量做函数的参数是将实参（结构体变量的所有成员）的值逐个传递给同结构体类型的形参，也属单向传递。

（3）用结构体指针（指向结构体变量或数组的指针）做函数参数，是将结构体变量或数组的地址传递给形参，此时形参和实参共用相同的内存空间，形参值的改变等价于实参值的改变，所以是双向传递。

任务实现

1. 设计学生信息结构

根据任务要求设计学生信息结构如表 6-3 所示。

表 6-3　学生信息结构

学号	姓名	性别	成　绩				
			数学	英语	计算机	政治	体育
201001	张东	男	89	90	85	80	90
字符数组	字符数组	字符型	整型	整型	整型	整型	整型

2. 学生信息结构的定义

程序参考代码：

```
#define M  50
#define N  5
struct student
{
    char num[8];
    char name[10];
    char sex[3];
    float score[N];
}stu[M];
```

模拟训练

定义通讯录管理系统的数据库结构。

任务 3　系统框架设计

任务目标

- 能熟练编写菜单程序；
- 掌握利用函数实现模块化的方法。

任务描述

设计系统框架，编写框架菜单系统程序。

任务分析

（1）根据系统功能模块图和系统自定义函数的列表，需定义一个主菜单与五个二级子菜单函数。

（2）由于学生信息结构体及结构体数组在各功能模块中都要使用，因此定义时要使其作用域能满足要求，所以要定义成全局变量。

（3）为便于程序的调试和修改应将学生的人数和课程的门数用符号常量来定义。

背景知识

1. 系统框架设计方法

系统框架设计就是根据系统的功能模块图和系统函数表来编写系统的框架菜单程序，主要是一级菜单和二级菜单的选择控制。至于有些模块可以暂时只定义函数，而无具体功能，后续再逐步完成（或分组完成）。

2. 系统框架设计

根据系统模块结构图和自定义函数列表编写各功能模块程序。

任务实现

设班级有学生 50 名，5 门功课，则班级成绩管理系统框架设计的程序参考代码如下：

```c
/*系统框架程序清单*/
#include "stdio.h"
#include "conio.h"
#include "string.h"
#define N  50
#define M  5
/*函数声明*/
void file();
void create_file();
void load_file();
void save_file();
void edit();
void append();
void deleted();
void modify();
void search();
void search_by_num();
void search_by_name();
void count();
void count_people();
void count_aver ();
void count_gdbd();
void print();
void print_num();
void print_tatol();
void print_good();
void print_bad();
void print_head();
void print_record(int i);
void print_all();
void quit();
struct student          /*学生数据结构类型*/
```

```
{
    char num[7];           /*学号 6 位，留一位存放字符串结束标志，下同*/
    char name[11];         /*姓名 10 位*/
    char sex[3];           /*字符数组存放"男"或"女"*/
    float score[M];        /*每个学生有 5 门成绩*/
};
typedef struct student STUDENT;
STUDENT stu[N];
char kc[M][20]={ "数学","英语","计算机","政治","体育" };
int n=-1;                  /*全局变量，代表数据库中记录的个数*/
int flag=0;                /*全局变量当其值为 1 时，代表数据库数据有变化*/
/*主菜单*/
main()
{
    int select;
    while(1)
    {
        clrscr();
        gotoxy(30,4);  printf("班级学生成绩管理系统");
        gotoxy(30,6);  printf("1---新建、导入、保存文件");
        gotoxy(30,8);  printf("2---学生信息库维护");
        gotoxy(30,10); printf("3---学生信息查询");
        gotoxy(30,12); printf("4---学生信息统计");
        gotoxy(30,14); printf("5---学生信息输出");
        gotoxy(30,16); printf("0---结束");
        gotoxy(30,18); printf("请输入您的选择 (0-5) : ");
        scanf("%d",&select);
        switch(select)
        {
            case 1: file(); break;
            case 2: edit(); break;
            case 3: search(); break;
            case 4: count(); break;
            case 5: print(); break;
            case 0: quit(); break;
            default: printf("输入错误，请重新输入! " );
            getch();
        }
    }
}
/*系统退出模块*/
void quit()
{
    if(flag==1)
    {
        clrscr();
        printf("\n 学生信息库已经修改过，在退出之前需要执行保存学生信息文件! ");
        getch();
    }
```

```
        else
        {
            gotoxy(12,25);printf("程序结束!谢谢使用!");
            exit(0);
        }
    }
/*新建、导入、保存文件---子菜单*/
void file()
{
    int select;
    while(1)
    {
        clrscr();
        gotoxy(28,4);   printf("新建、导入、保存文件");
        gotoxy(30,6);   printf("1---新建学生信息文件");
        gotoxy(30,8);   printf("2---导入学生信息文件");
        gotoxy(30,10);  printf("3---保存学生信息文件");
        gotoxy(30,12);  printf("0---返    回");
        gotoxy(30,14);  printf("请输入您的选择 (0-3) : ");
        scanf("%d",&select);
        switch(select)
        {
            case 1: create_file();break;
            case 2: load_file();break;
            case 3: save_file();break;
            case 0: return ;
            default: printf("输入错误，请重新输入! " );
            getch();
        }
    }
}
/*新建一个空的学生数据文件*/
void create_file()
{
}
/*导入学生数据文件*/
void load_file()
{
}
/*保存学生数据文件*/
void save_file()
{
}
/*学生信息库维护---子菜单*/
void edit()
{
    int select;
    if(n==-1)
    {
```

```c
        printf("未导入数据，请先导入学生信息库");
        getch();
        return;
    }
    while(1)
    {
        clrscr();
        gotoxy(30,4);    printf("学生信息库维护");
        gotoxy(30,6);    printf("1---添加学生信息");
        gotoxy(30,8);    printf("2---删除学生信息");
        gotoxy(30,10);   printf("3---修改学生信息");
        gotoxy(30,12);   printf("0---返    回");
        gotoxy(30,16);   printf("请输入您的选择 (0-3) ：");
        scanf("%d",&select);
        switch(select)
        {
          case 1: append();break;
          case 2: deleted();break;
          case 3: modify();break;
          case 0: return ;
          default: printf("输入错误，请重新输入！" );
          getch();
        }
    }
}
/*添加学生记录函数*/
void append()
{
}
/*删除学生记录函数*/
void deleted()
{
}
/*修改学生成绩函数*/
void modify()
{
}
/*学生信息查询---子菜单*/
void search()
{
    int select;
    if(n==-1)
    {
        printf("未导入数据，请先导入学生信息库");
        getch();
        return;
    }
    while(1)
    {
```

```
        clrscr();
        gotoxy(30,4);  printf("学生信息查询");
        gotoxy(30,6);  printf("1---按学号查询学生信息");
        gotoxy(30,8);  printf("2---按姓名查询学生信息");
        gotoxy(30,10); printf("0---返    回");
        gotoxy(30,12); printf("请输入您的选择 (0-2) : ");
        scanf("%d",&select);
        switch(select)
        {
            case 1: search_by_num();break;
            case 2: search_by_name();break;
            case 0: return;
            default: printf("输入错误，请重新输入！" );
            getch();
        }
    }
}
/*按学号查询*/
void search_by_num()
{
}
/*按姓名查询*/
void search_by_name()
{
}
/*学生信息统计---子菜单*/
void count()
{
    int select;
    if(n==-1)
    {
        printf("未导入数据，请先导入学生信息库");
        getch();
        return;
    }
    while(1)
    {
        clrscr();
        gotoxy(30,4);   printf("学 生 信 息 统 计");
        gotoxy(30,6);   printf("1---统计男女生人数");
        gotoxy(30,8);   printf("2---统计各门课的平均成绩");
        gotoxy(30,10);  printf("3---统计各门课优秀的人数和不及格人数");
        gotoxy(30,12);  printf("0---返    回");
        gotoxy(30,14);  printf("请输入您的选择 (0-3) : ");
        scanf("%d",&select);
        switch(select)
        {
            case 1: count_people();break;
            case 2: count_aver();break;;
```

```
                case 3: count_gdbd();break;
                case 0: return;
                default: printf("输入错误，请重新输入！");
                getch();
            }
        }
    }
/*统计男女生人数*/
void count_people()
{
}

/*统计各门课的平均成绩*/
void count_aver()
{
}
/*统计各门课优秀人数和不及格人数*/
void count_gdbd()
{
}
/*学生信息输出---子菜单*/
void print()
{
    int select;
    if(n==-1){ printf("未导入数据，请先导入学生信息库"); getch(); return;}
    while(1)
    {
    clrscr();
    gotoxy(30,4);   printf("学生信息输出");
    gotoxy(30,6);   printf("1---按学号顺序输出学生信息");
    gotoxy(30,8);   printf("2---按总分顺序输出学生信息");
    gotoxy(30,10);  printf("3---输出成绩优秀的学生信息");
    gotoxy(30,12);  printf("4---输出成绩不及格的学生信息");
    gotoxy(30,14);  printf("0---返    回");
    gotoxy(30,16);  printf("请输入您的选择 (0-4) : ");
    scanf("%d",&select);
    switch(select)
    {
        case 1: print_num();break;
        case 2: print_tatol();break;
        case 3: print_good();break;
        case 4: print_bad();break;
        case 0: return;
        default: printf("输入错误，请重新输入！");
        getch();
        }
    }
}
/*按学号顺序输出*/
```

```
void print_num()
{
}
/*按总分顺序输出*/
void print_tatol()
{
}
/*输出成绩优秀的学生信息*/
void print_good()
{
}
/*输出成绩不及格的学生信息*/
void print_bad()
{
}
/*显示表头*/
void print_head()
{
}
/*列表显示第 i 个学生信息*/
void print_record(int i)
{
}
/*列表显示所有学生信息*/
void print_all()
{
}
```

运行结果如图 6-2 所示。

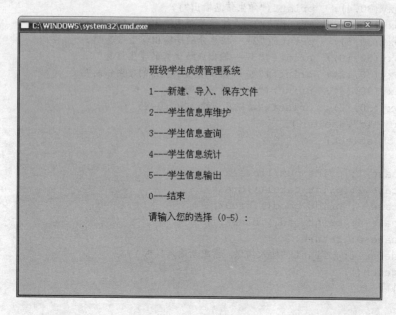

图 6-2　系统一级菜单界面

若输入 1，则调出对应的二级菜单如图 6-3 所示。

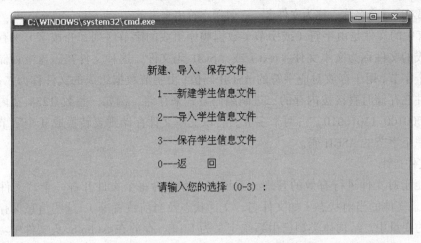

图 6-3 新建、导入、保存文件二级菜单界面

模拟训练

根据"通讯录管理系统"模块结构图，编写"通讯录管理系统"的菜单系统，并调试运行。

任务 4 学生数据的存储与重用

任务目标

- 了解文件的概念；
- 掌握文件打开、关闭、读写的方法；
- 能够编写文件建立、导入、保存等操作函数，实现学生数据的存储与重用。

任务描述

编写建立文件、导入文件、保存文件等操作函数。

任务分析

在第一次运行系统程序时需要建立一个空的学生数据文件，以后再次使用时只要导入（打开）该文件即可，使用完之后还要对文件进行保存。所以要编写建立文件、导入文件和保存文件的函数就要了解 C 语言中有关文件的知识。

背景知识

C 语言的文件操作

一般来说，文件是数据的集合。计算机在处理数据时是在内存中进行的，一旦关机数据就会丢失，所以计算机中的数据必须存放到磁盘上才能长期保存。数据以文件的形式保存在磁盘上，每个文件都对应一个名称，称为文件名，一般用字符串来表示。

C语言中的文件是由字符（或字节）数据顺序组成的字节序列，并按字节来存取。由字符数据组成的文件称为文本文件（text）或 ASCII 码文件，这种文件在磁盘中存储时每个字符对应一个字节，用于存放对应字符的 ASCII 码值；由字节数据组成的文件称为二进制文件，二进制文件在存储时直接按内存的二进制编码方式来存储。例如，整数 1234 在内存中存储形式为 00000100 11010010，占两个字节。若以文本文件存储则要转换成 4 个字节，即每个字符对应一个字节的 ASCII 码。

（1）文件指针

为了便于对文件进行有效的管理，系统在内存中为每个文件开辟一个"文件信息描述区"，来记录文件的当前状态（如文件名，文件状态及当前位置等）。这些信息保存在一个结构体类型的变量中。结构体类型已由系统定义为 FILE，存放在<stdio.h>头文件中。所以对于每个要操作的文件，都必须定义一个 FILE 类型的指针变量，通过该指针变量找到要操作文件的描述信息，实现对文件的读写操作。

文件指针的定义形式为：

FILE *文件指针名;

例如：

FILE *fp;

fp 是一个指向 FILE 类型结构体的指针变量。可以使 fp 指向某一个文件的结构体变量，从而通过该结构体变量中的文件信息能够访问该文件。如果同时要处理 n 个文件，则应该定义 n 个指针变量，分别指向 n 个文件，进行操作。

（2）文件的基本操作

① 文件的打开与关闭。文件的基本操作主要是读/写操作，但必须先打开（或建立）文件，然后才能读/写，读/写完成后还应关闭文件。

文件打开（或建立）用 fopen()函数实现，一般形式为：

文件指针变量=fopen("文件名","文件使用方式");

其中，"文件名"是指要创建或打开的文件的名称，一般应包括路径，若无路径，则表示文件在当前目录中。"文件使用方式"是指文件的类型和操作要求。文件的使用方式及含义如表 6-4 所示。

表6-4　文件的使用方式及含义

使 用 方 式	含　　义
r（只读）	为输入打开一个文本文件
w（只写）	为输出打开一个文本文件
a（追加）	为追加打开一个文本文件
rb（只读）	为输入打开一个二进制文件
wb（只写）	为输出打开一个二进制文件
ab（追加）	为追加打开一个二进制文件
r+（读写）	为读/写打开一个文本文件

续表

使 用 方 式	含　义
w+（读写）	为写建立一个新的文本文件（先写后读）
a+（读写）	为读/写打开一个文本文件
rb+（读写）	为读/写打开一个二进制文件
wb+（读写）	为读/写打开一个二进制文件
ab+（读写）	为读/写打开一个二进制文件

功能：按指定的使用方式打开指定文件名的文件。

当文件打开失败时，fopen()函数将返回一个空指针值 NULL。所以在程序中通常用这个信息来判别文件是否正常打开，并作出相应处理。

例如：

```
if((fp=fopen("文件名","文件使用方式"))==NULL)
{
    printf("不能打开或建立文件！按任意键返回");
    getch();
    return;
}
```

文件关闭用 fclose()函数，一般形式为：

```
fclose("文件指针");
```

功能：关闭文件指针所指向的文件，释放系统资源（文件结构变量）。正常关闭时返回值为 0，关闭错误时返回值为 EOF（EOF 是在 stdio.h 文件中定义的符号常量，值为–1）。文件使用完毕后应及时关闭文件，避免数据丢失。

② 文件读/写（输入/输出）操作。文件的读/写操作有单字符读/写、字符串读/写、数据块读/写和格式化读/写，分别由不同的函数实现。在这里重点介绍数据块的读/写操作，即一次读入或写入一组数据（可以操作一个实数或一个结构体变量的值），用 fread()和 fwrite()函数来实现。

文件的单字符读/写用函数 fgetc()和 fputc()实现。一般形式为：

```
fgetc(fp);              /*从 fp 所指定的文件中读取一个字符*/
fputc(ch,fp);           /*把字符 ch 的值写入 fp 所指定的文件中*/
```

其中，ch 可以是字符常量或变量，fp 是文件类型指针，指定要读或要写的文件，从 fopen()函数得到返回值。

若读写成功，返回值为读写的字符代码；若读写失败，则返回一个 EOF。

【例 6-2】从键盘输入一些字符，并保存到磁盘上，直到输入一个'#'为止。

程序参考代码：

```
#include "stdio.h"
main()
{
    FILE *fp;
    char ch,filename[10];
    scanf("%s",filename);
    if((fp=fopen(filename,"w"))==NULL)
    {
```

```
        printf("打开文件失败! ");
        exit(0);
    }
    ch=getchar();
    while(ch!='#')
    {
        fputs(ch,fp);
        putchar(ch);
        ch=getchar();
    }
    fclose(fp);
}
```

② 数据块读/写操作一般形式为：

```
fread(buffer,size,count,fp);
fwrite(buffer,size,count,fp);
```

其中，buffer 是读入数据的存放地址或输出数据的起始地址；size 是要读写的字节数；count 是要进行读写多少个字节的数据项；fp 是文件指针。

【例 6-3】从键盘输入若干名学生的学号、姓名、年龄和地址，把它们存到磁盘文件 c:\student.txt 中。

分析：C 盘上的 student.txt 文件是不存在的，它是运行程序是新创建的，所以文件的使用方式为"wb"。

程序参考代码：

```
#include <stdio.h>
#define N 5
struct student                                    /*定义学生结构*/
{
    int num;
    char name[20];
    int age;
    char addr[20];
}stu[N];                                          /*定义结构数组*/
void save()                                       /*写文件函数*/
{
    FILE *fp;
    int i;
    if((fp=fopen("c:\\student.txt","wb"))==NULL)  /*打开文件*/
    {
        printf("\n 不能打开文件错误 !");
        exit(0);
    }
    for(i=0;i<N;i++)
        fwrite(&stu[i],sizeof(struct student),1,fp);  /*写文件*/
    fclose(fp);
}
main()
{
    int i;
```

```
for(i=0;i<N;i++)                                      /*输入信息到结构数组*/
    scanf("%d%s%d%s", &stu[i].num,stu[i].name, &stu[i].age, stu[i].addr);
save();
}
```

下面读出 studen.txt 的文件的数据，并显示在屏幕上。由于学生的数据已经存放在磁盘文件中，所以打开文件的方式为 "rb"，通过 for 语句和 fread() 函数读入 N 个学生的数据。

```
for(i=0;i<N;i++)
fread(&stu[i],size(struct student),1,fp);
```

拓展知识

文件的其他读写操作

（1）文件的字符串读写操作。

字符串的读写用函数 fgets() 和 fputs() 实现。

一般形式为：

```
fgets(str,n,fp);      /*从 fp 所指定的文件中读取 n-1 个字符到字符数组 str 中*/
fputs(字符串,fp);     /*将字符串写入 fp 所指定的文件中*/
```

其中，fputs() 中的参数字符串可以是字符串常量、字符数组名或字符指针，fp 是文件类型指针，指定要读或要写的文件，从 fopen() 函数得到返回值。

读/写成功 fgets() 的返回值为 str 的首地址；fputs() 的返回值为 0，失败时为非零值。

例如：

```
fputs("china",fp);
```

把字符串"china"输出到 fp 指向的文件。

（2）文件的格式化读/写操作

格式化读/写用函数 fscanf() 和 fprintf() 实现。

一般形式为：

```
fscanf(文件指针,格式字符串,输入表列);     /*从磁盘上指定文件中按指定格式读取字符*/
fprintf(文件指针,格式字符串,输出表列);    /*从将字符按指定格式写入磁盘文件中*/
```

例如：

```
fscanf(fp,"%d,%f",&a,&b);
```

意义为将磁盘文件上整型数据送到变量 a，浮点型数据送到 b 变量中。假设磁盘上有字符 3、5.5，则将 3 赋给变量 a，5.5 赋给变量 b。

```
fprintf("fp,"%d%5.2f",a,b);
```

意义为将整型变量 a 和实型变量 b 的值按 %d 和 %5.2f 的格式输出到 fp 指向的文件中。如果 a=3、b=5.5，则输出到磁盘文件上的是字符串 3,5.5。

另外，还有一些不太常用的其他的读写函数如 putw()、getw()、fseek() 等，需要请参考有关资料。

任务实现

学生数据存储与重用的各程序参考代码：

（1）新建一个空的学生数据文件

```
void create_file()
{
    FILE *fp;                                     /*定义文件指针变量*/
    if((fp=fopen("stu_data","wb"))==NULL)         /*打开或建立文件*/
    {
        printf("\n\t 不能建立文件！按任意键继续……");
        getch();
        return ;
    }
    printf("\n\t 文件建立成功！要输入数据请选择\"添加学生信息\"。");
    printf("\n\t 按任意键继续……");
    getch();
    n=0;
    fclose(fp);                                   /*关闭文件*/
    return;
}
```

程序说明：本函数完成系统的初始化工作，建立一个空的学生数据文件，只需执行一次，若文件已经存在，原文件将被删除。

（2）导入学生数据文件

```
void load_file()
{
    FILE *fp;              /*定义文件指针变量*/
    int i=0;               /*读文件时，i 用来统计读入的记录个数*/
    if(n!=-1)
    {
        printf("\n\t 文件已经导入。\n\t 按任意键继续……");
        getch();
        return;
    }
    if((fp=fopen("stu_data","rb"))==NULL)   /*打开文件*/
    {
        printf("\n\t 打不开文件！ps[k].female");
        n=-1;
        getch();
        return;
    }
    while(fread(&stu[i],sizeof(STUDENT),1,fp)==1)    i++;   /*读取文件*/
    n=i;
    printf("\n\t 导入结束，共导入%d 个学生数据。\n\t 按任意键继续……",i);
    fclose(fp);                                   /*关闭文件*/
    getch();
    return ;
}
```

程序说明：要想导入学生记录数据，首先打开学生数据文件 stu_data，以 rb 形式打开，若文件打开失败，则显示提示信息，n 的值为-1，表示未导入学生数据文件，直接返回。若文件打开成功，则将文件中的学生数据读入到数组 stu 中。用 fread()函数来读取每个学生的记录。当 fread()

函数的返回值为 0 时，表示文件已经读取完毕。读取数据的语句是：

```
while(fread(&stu[i],size(STUDENT),1,fp)==1)  i++;
```

变量 i 用来读取记录的个数。

（3）保存学生数据文件

```
void save_file()
{
  FILE *fp;
  int i;
  if((fp=fopen("stu_data","wb"))==NULL)
  {
    printf("\n\t 打不开文件！按任意键继续……");
    getch();
    return;
  }
  for(i=0;i<n;i++)
    fwrite(&stu[i],sizeof(STUDENT),1,fp);
  printf("\n\t 存盘成功。按任意键继续……");
  flag=0;
  fclose(fp);
  getch();
}
```

程序说明：首先以只写的方式打开学生数据文件 stu_data，若文件打开成功，则将结构数组 stu 中的学生数据记录写入到文件中。用块写入函数 fwrite()，一次写一组数据。写入语句为：

```
for(i=0;i<n;i++)
  fwrite(&stu[i],size(STUDENT),n,fp);
```

n 为 stu 数组中实际记录的个数。循环 n 次，每次写入一条记录。

文件保存后，将变量 flag 清 0，表示数据已经存盘，可以正常退出系统。关闭文件。

（4）退出系统处理

```
void quit()
{
  int sele;
  if(flag==1)
  {
    clrscr();
    printf("\n 成绩信息库已经修改过！\n 若要保存修改过信息库请按 Y");
    printf("\n 若不需要保存修改过信息库，请按 N");
    sele=getch();
    if(sele=='Y'||sele=='y')
      save_file();   /*保存文件*/
    else
      exit(1);
  }
  else
  exit(1);
}
```

将文件模块各函数连接到系统框架程序中。

其中，新建学生信息文件的运行界面如图 6-4 所示。

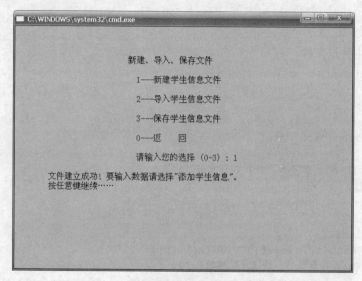

图 6-4　　新建学生信息文件运行界面

模拟训练

在"通讯录管理系统"的菜单系统程序的基础上，加入"通讯录管理系统"的有关文件处理函数，并调试运行。

任务 5　系统维护模块的设计

任务目标

- 能够编写添加学生记录的函数；
- 能够编写删除学生记录的函数；
- 能够编写修改学生记录的函数。

任务描述

编写系统维护的学生记录添加函数、学生记录删除函数和学生记录修改函数。

任务分析

1. 添加记录

添加学生记录时首先要确定添加记录的个数（设为 k），然后循环 k 次，每次输入一条记录。由于一条记录包括多个数据，需要逐个输入。所以在循环体内用循环控制变量（设为 i）作为学生结构 stu 的下标，则 stu[i]表示第 i 条记录，stu[i].num 则表示第 i 条记录的学号。

2．删除记录

首先提供要删除的学号，然后在学生信息库中查找有无此学号，即将输入的学号依次和信息库中每个学生的学号比较（由于有多个学生需用循环），若找到该学号，则找到了要删除的记录，保持此时数组的下标号并用 break 退出循环，然后进行删除操作。为安全起见，最好在删除操作前显示该条记录的信息，确认是否要删除。删除记录就是删除结构体数组 stu 中的第 i 个元素，方法是从第 i+1 个元素开始依次前移一个位置，即将第 i+1 个元素移到第 i 个位置处，第 i+2 个元素移到第 i+1 位置处，依此类推，最后将第 n 个元素移到第 n-1 位置处，最后数组元素个数减 1。

3．修改记录

首先输入要修改的学生学号，然后在学生数据库中查找有无此学号，若有则可以进行修改操作，否则给出没找到的信息。修改前要显示该记录的信息，并确认是否要修改。修改时要将输入的新数据放到临时的变量或数组中，根据确认结果，再将数据送入结构数组 stu 中。

数据删除和修改要先进行查找指定的数据，查找可采用前面介绍的顺序查找法（线性查找），即将要查找的数据送入变量（或数组）中，将待查的多个数据存入数组中，将要查找的数据分别和数组里的每个元素比较（利用循环完成），若有相同数据，则查找成功，退出循环；若循环结束了也没找到相同的，则查找失败，应给出相应的提示信息。

背景知识

1．标志法

在本任务中添加记录、修改记录或删除记录时，学生信息库的内容均会发生变化，所以要重新保存记录信息。判断信息库记录是否发生变化，可采用标志法。

所谓标志法，就是用一个标志变量表示事物的状态。先假设事物为某个初始状态，然后对事物的状态进行测试，当事物状态与初始状态不符时，则改变标志变量的值。最后通过标志变量的取值确定出事物的真实状态。当事物仅为几种状态时，该算法特别适用。

2．结构体数组、数据的查找与保存

本任务中涉及有关结构体数组及结构体数组元素的引用方法，数据的查找方法、数据的保存方法在前面的任务中已经介绍，这里不再赘述。

任务实现

系统模块设计各功能函数程序参考代码：

（1）添加学生记录的函数

```c
void append()
{
  int i,j,k;
  char c;
  clrscr();
  printf("请输入你要添加的学生记录个数: ");
  scanf("%d",&k);
  for(i=n;i<n+k;i++)
```

```
    {
      clrscr();
      printf("请输入第%d个学生数据: \n",i-n+1);
      printf("学号: ");
      scanf("%s",stu[i].num);
      printf("姓名: ");
      scanf("%s",stu[i].name);
      printf("性别: ");
      scanf("%s",stu[i].sex);
      printf("%d门课程的成绩: \n",M);
      for(j=0;j<M;j++)
      {
          printf("%s: ",kc[j]);
          scanf("%f",&stu[i].score[j]);
      }
    }
    printf("\n\t 添加完毕, 现在学生信息库中共有%d条记录。\n",n+k);
    n+=k;                                    /*学生信息库记录数更新*/
    if(k>0) flag=1;                          /*学生信息库内容有变化*/
    getch();
    return ;
}
```

程序说明: 循环输入每个学生的记录, 输入完毕后, 及时修改两个全局变量 n 和 flag 的值。n 表示记录的人数, flag 表示数据库数据有变化时其值修改为 1。

（2）删除学生记录的函数

```
void deleted()
{
  char num[7];
  int i,j;
  char sele;
  printf("请输入你要删除的学生的学号: ");
  scanf("%s",num);
  for(i=0;i<n;i++)   /*查找匹配的记录*/
    if(strcmp(stu[i].num,num)==0) break;
    if(i==n)
        printf("没有此学号");
    else
      {
      printf("学号: %s 姓名: %s 性别: %s\n ",stu[i].num,stu[i].name,stu[i].sex);
      printf("\n确实要删除这个学生的数据吗? （Y/N）: ");
      scanf("%c%c",&sele,&sele);
      if( sele=='Y'||sele=='y')
      {
          for(j=i+1;j<n;j++)
              stu[j-1]=stu[j];
          n--;
          printf("\n\t\t 删除完毕, 现在共有%d个数据。\n",n);
          flag=1;
      }
      }
    getch();
```

```
        return;
}
```

程序说明：首先输入要删除的记录的学号。在数据库中查找该学号，找到则用 break 退出循环。

```
for(i=0;i<n;i++)
if(strcmp(stu[i].num,num)==0) break;
```

循环结束后通过循环变量 i 的值可以判断是否找到要查找的记录，若 i<n，说明提前退出循环，则 i 值为找到记录的下标；若 i==n，说明没有找到要删除的记录。

为保证数据库中数据的安全，在删除之前先显示该记录的信息，并提示是否要删除。

根据回答情况来操作。删除记录就是删除结构体数据 stu 中的第 i 个元素，方法是将 i+1 以后的元素前移一次。然后总人数 n-1，flag 修改为 1。

```
for(j=i+1;j<n;j++)
    stu[j-1]=stu[j];
n--;
flag=1;
```

（3）修改学生记录的函数

```
void modify()
{
  char num[7];
  float a[M];
  int i,j;
  char sele;
  printf("请输入学号: ");
  scanf("%s",num);
  for(i=0;i<n;i++)   /*查找匹配的记录*/
      if(strcmp(stu[i].num,num)==0) break;
  if(i==n)
      printf("没有此学号! ");
  else
  {
      printf("学号: %s 姓名: %s 性别: %s\n",stu[i].num,stu[i].name,stu[i].sex);
      for(j=0;j<M;j++)
          printf("%s: %5.1f ",kc[j],stu[i].score[j]);
      printf("\n 请输入%d 门课程的新成绩: \n",M);
      for(j=0;j<M;j++)
          scanf("%f",&a[j]);
      printf("\n 确定要修改这个学生的成绩吗？（Y/N）: ");
      scanf("%c%c",&sele,&sele);
      if( sele=='Y' || sele=='y')
      {
          for(j=0;j<N;j++)
              stu[i].score[j]=a[j];
          printf("\n\t 修改完毕。");
          flag=1;
      }
      else printf("\n\t 没有修改。");
  }
```

```
    getch();
    return ;
}
```

程序说明：输入要修改学生记录的学号，在数据库中查找该学号。若找到该学号，在修改前先显示该记录的信息，然后将要修改的数据输入到临时数组或变量中，再确认是否真的要修改，若回答 Y 或 y，则将临时数组或变量的值复制到数组 stu 中，修改 flag 值为 1。

语句 scanf("%c%c",&sele,&sele);中多读取一个字符，是因为前面输入的是一个字符串，scanf()函数输入字符串时，遇到换行符（或空格、制表位）时，就结束输入，如果下面紧接着输入字符，系统会将这个换行符（或空格、制表位）作为下一个字符读入到字符变量中。所以输入回答时，先将前面输入的换行符存储到一个临时变量中，再等待输入有用的字符（Y（y）或 N（n））。

将维护模块的各函数链接到系统框架程序中，并调试运行。

其中，添加学生记录模块的运行结果如图 6-5 所示。

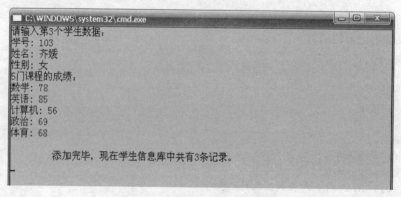

图 6-5　添加学生记录运行界面

模拟训练

在"通讯录管理系统"的菜单系统程序的基础上，添加数据维护的相关函数，并调试运行。

任务 6　数据查询模块的设计

任务目标

- 能够编写按学号查询学生信息的函数；
- 能够编写按姓名查询学生信息的函数。

任务描述

完成查询系统模块中的按学号查询和按姓名查询学生信息的函数编写。

任务分析

　　首先输入要查询的学号或姓名，按此学号或姓名在学生数据库中查找，查找方法可以采用顺序查找法，将输入的学号或姓名依次与学生信息库中各记录的学号或姓名比较，若某条记录的学号或姓名与要查找的学号或姓名相同，则表明找到信息，退出循环，显示该记录的所有信息。若没有记录的学号或姓名与要查找的学号或姓名相同的，则表示没有找到符合条件的记录，循环正常结束。

背景知识

数据查找方法、字符串比较函数

本任务中涉及的数据查找方法、字符串比较函数等相关知识前面已经介绍，这里不再赘述。

任务实现

数据查询模块各功能函数程序参考代码：

（1）按学号查询学生信息函数

```
void search_by_num()
{
    char num[7];
    int i,j;
    clrscr();
        printf("请输入你要查询的学生学号: ");
    scanf("%s",num);
    for(i=0;i<n;i++)
      if(strcmp(stu[i].num,num)==0) break;
      if(i==n)        /*没找到要查询的记录*/
          printf("\n 对不起，没有相符的记录！");
      else
      {
      printf("你要查询的学生信息如下: \n\n");
      printf("学号: %s\n 姓名: %s\n", stu[i].num,stu[i].name);
      printf("性别: %s\n", stu[i].sex);
      printf("各门课程的成绩如下: \n");
      for(j=0;j<M;j++)
          printf("%s: %5.1f\n",kc[j], stu[i].score[j]);
      printf("\n");
    }
    printf("\n\t 按任意键返回……");
    getch();
    return;
}
```

　　程序说明：先输入要查询的学号，在学生信息库中查找，找到后用 break 退出循环，此时 i 小于 n。若循环到最后也没有找到相符合的学号，则循环正常结束，此时 i 等于 n。判断 i 值的情况，若 i==n，则没有找到符合条件的记录，否则找到记录，即是下标为 i 的记录，显示该记录信息。

　　（2）按姓名查询学生信息函数

```
void search_by_name()
{
```

```
      char name[11];
      int i,count=0;
      clrscr();
      printf("请输入你要查询的学生姓名: ");
      scanf("%s",name);
      for(i=0;i<n;i++)
      {
         if(strcmp(stu[i].name,name)==0)
         {
            count++;
            if(count==1)
            print_head();                      /*显示表头*/
            print_record(i);                   /*显示一条记录*/
         }
      }
      if(count==0)
         printf("\n\t 对不起，没有相符的记录！ ");  /*没找到要查询的记录*/
      else
         printf("\n\t 共找到%d 个记录。",count);   /*输出找到记录总数*/
      printf("\n\t 按任意键返回……");
      getch();
   }
```

程序说明：先输入要查寻的姓名，按此姓名在学生信息库中依次查找，找到此姓名则将 count 加 1，判断 count 若等于 1，则调用显示表头的函数显示表头，再调用显示第 i 条记录的函数，显示该记录的相关信息。若没有找到符合的姓名，则 count 值始终为 0，显示没有找到的信息。

将查询模块的各函数连接到系统框架设计程序中，并调试运行。

其中，按姓名查询的运行结果如图 6-6 所示。

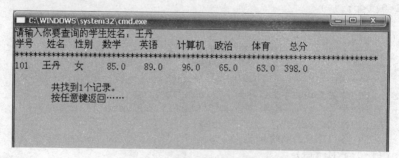

图 6-6　按姓名查询的运行界面

模拟训练

在"通讯录管理系统"的菜单系统程序的基础上，添加数据查询的相关函数，并调试运行。

任务 7　数据统计模块的设计

任务目标

· 能够编写根据输入条件进行统计的函数。

- 能够编写进行分类汇总统计的函数。
- 能够编写同时对多个数值字段进行统计的函数。

任务描述

（1）编写统计班级男女生人数的函数。

（2）编写统计全班各门课的平均成绩的函数。

（3）编写统计各门课优秀的人数和不及格的人数的函数。

任务分析

数据统计就是统计数据中符合条件的记录个数。先将统计条件与数据库中的每条记录的对应项比较，条件符合则进行统计，否则不统计。

（1）统计班级男女生人数，需判断学生数据库中的每条记录的性别项，如果是男生，男生人数加 1；如果是女生，女生人数加 1。

（2）要统计各门课的平均分，需先循环课程，再循环人数，统计出各门课的总分和平均分。

（3）要统计各门课优秀和不及格的人数，也需先循环课程再循环人数，判断每个人的成绩情况，分别统计。

背景知识

字符串比较函数、数据求和统计

字符串比较函数、数据求和统计方面等的相关知识前面都已经介绍，这里不再赘述。

任务实现

数据统计模块各功能函数程序参考代码：

（1）统计班级男女生人数的函数

```
void count_people()
{
  int i,f=0,m=0;
  for(i=0;i<n;i++)
  if(strcmp(stu[i].sex,"男")==0)
    f++;
  else
    m++;
  printf("本班男生人数为:%d,女生人数为:%d\n",f,m);
  gotoxy(10,10);
  printf("按任意键返回");
  getch();
}
```

程序说明：变量 f 表示男生人数，m 表示女生人数，循环判断每个人的性别项 stu[i].sex。

（2）统计全班各门课平均成绩的函数

```
void count_aver()
{
  float av[5];
  int i,j;
  clrscr();
  for(j=0;j<M;j++)
  {
    av[j]=0;
    for(i=0;i<n;i++)
      av[j]+=stu[i].score[j];
      av[j]/=i;
  }
  printf("各门课的平均成绩为: \n");
  for(j=0;j<M;j++)
    printf("%s %.2f\n",kc[j],av[j]);
  gotoxy(10,10);
  printf("按任意键返回");
  getch();
}
```

程序说明：定义数组 av[M]用来存放各门课的平均成绩。外循环为课程，内循环为人数。在循环每门课程时，再循环每个人，求出该课程的总分，进而求出平均成绩。最后输出课程的名称和对应的平均成绩。

（3）统计各门课优秀人数和不及格人数的函数

```
void count_gdbd()
{
  int i,j,gd,bd ;
  clrscr();
  for(j=0;j<M;j++)
  {
    gd=0;bd=0;
    for(i=0;i<n;i++)
    {
      if(stu[i].score[j]>=90)
        gd++;
      if(stu[i].score[j]<60)
        bd++;
    }
    printf("%s 优秀人数为: %d,不及格人数为: %d\n",kc[j],gd,bd);
  }
  gotoxy(10,10);
  printf("按任意键返回");
  getch();
}
```

程序说明：定义变量 gd 表示优秀人数，bd 表示不及格人数。先循环课程，再循环每个人，判断每个人的该门课的成绩情况，若优秀则 gd 加 1，若不及格则 bd 加 1。

将统计模块的各函数连接到系统框架程序中，并调试运行。

其中，统计男女生人数的运行结果如图 6-7 所示。

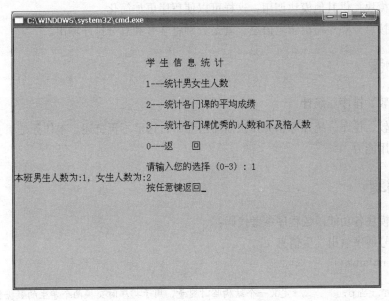

图 6-7　统计男女生人数运行界面

模拟训练

在"通讯录管理系统"的菜单系统程序的基础上，添加数据统计的相关函数，并调试运行。

任务 8　报表输出模块的设计

任务目标

- 掌握将数据信息报表输出的方法；
- 能运用一种排序方法对数据进行排序处理。

任务描述

编写各报表输出函数：

（1）学生信息分别按学号顺序输出。

（2）总分排名顺序输出。

（3）输出各门课优秀的学生信息。

（4）输出各门课有成绩不及格的学生信息。

任务分析

学生信息输出子系统的各功能模块都是要把学生的信息用报表输出，输出过程基本一样，例如按学号顺序输出学生信息和按总分顺序输出学生信息，都要输出所有学生的信息，报表中含有表头、显示一条记录等，为了避免代码重复，可以将各模块中相同的部分程序代码提取出来，构成一个独立的模块，供其他模块调用，这样可以使程序更加简化。

按学号和按总分顺序输出学生信息，就是分别将学号和总分排序输出。

背景知识

数据的比较、排序、统计

数据的比较、排序、统计等相关知识前面已介绍，这里不再赘述。本任务是培养大家对所学知识的综合应用能力。

任务实现

报表输出模块各功能函数程序参考代码：

（1）按学号顺序输出学生信息

```c
void print_num()
{
  STUDENT temp;        /*定义一个结构临时变量，用于排序时交换两个学生的数据信息*/
  int i,j,k;
  clrscr();
  for(i=0;i<n-1;i++) /*用选择排序法对学号按进行升序排序*/
  {
    k=i;
    for(j=i;j<n;j++)
    {
      if(strcmp(stu[j].num,stu[k].num)<0) k=j;
    }
    if(k!=i)
    {
      temp=stu[i];
      stu[i]=stu[k];
      stu[k]=temp;
    }
  }
  print_all();
}
```

（2）按总分顺序报表输出学生信息

```c
void print_tatol()
{
  STUDENT temp;                 /*定义一个结构变量，用于排序时交换两个学生的数据信息*/
  int i,j,k;
  float sum1,sum2;              /*用于存放相邻两个记录的总成绩*/
  clrscr();
  for(i=0;i<n-1;i++)            /*用冒泡排序法对学号按进行降序排序*/
  {
    for(j=0;j<n-1-i;j++)
    {
      for(k=0,sum1=0;k<M;k++)
```

```
        sum1+=stu[j].score[k];        /*求相邻两个记录的总成绩*/
      for(k=0,sum2=0;k<M;k++)
        sum2+=stu[j+1].score[k];
    if(sum1<sum2)
     {
      temp=stu[j];
      stu[j]=stu[j+1];
      stu[j+1]=temp;
     }
    }
   }
   print_all();
}
```

（3）报表输出各门课成绩均优秀的学生信息

```
void print_good()
{
   int i,j,count;
   clrscr();
   for(i=0;i<n;i++)
   {
      count=0;
      for(j=0;j<M;j++)
      if(stu[i].score[j]>=90)
      {
         count++;
         if(count==5)               /*五门课均优秀*/
         {
            print_head();           /*显示表头*/
            print_record(i);        /*显示当前记录信息*/
         }
      }
   }
   if(count<5)
      printf("\n 没有各门课均优秀的学生");
   gotoxy(10,25); printf("按任意键返回……");
   getch();
}
```

（4）报表输出成绩有不及格的学生信息

```
void print_bad()
{
   int i,j,count=0;
   clrscr();
   for(i=0;i<n;i++)
      for(j=0;j<M;j++)
      if(stu[i].score[j]<60)
      {
         count++;
         if(count==1)               /*五门课均优秀*/
            print_head();           /*显示表头*/
```

```
                    print_record(i);    /*显示当前记录信息*/
                break;
            }
        if(count==0)
            printf("\n 没有成绩不及格的学生");
        gotoxy(10,25); printf("按任意键返回……");
        getch();
}
```

（5）报表显示所有学生信息

```
void print_all()
{
    int i,j;
    for(i=0;i<n;i++)
    {
        if(i%20==0)
        {
            clrscr();
            print_head();
        }
        print_record(i);
        if((i+1)%20==0||i==n-1)
        {
            gotoxy(10,25);
            puts("按任意键继续……");
            getch();
        }
    }
}
```

（6）显示数据列表的表头

```
void print_head()
{
    int j;
    clrscr();
    printf("学号 姓名 性别 ");
    for(j=0;j<M;j++)
        printf(" %6s", kc[j]);
    printf(" 总分\n");
    for(j=0;j<78;j++)
        printf("*");
    printf("\n");
}
```

（7）显示数据列表的一条记录

```
void print_record(int i)
{
    int j;
    float sum=0;
    printf("%-6s%-6s%-3s",stu[i].num,stu[i].name,stu[i].sex);
    for(j=0;j<M;j++)
    {
```

```
      printf("%7.1f",stu[i].score[j]);
      sum+=stu[i].score[j];
   }
   printf("%6.1f",sum);
   printf("\n");
}
```

将打印模块的各函数连接到系统框架程序中，然后调试运行。

其中，按学号顺序输出的运行结果如图 6-8 所示。

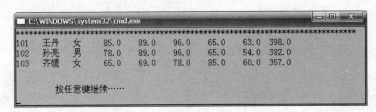

图 6-8　按学号顺序输出运行界面

班级学生成绩管理系统总程序参考源代码：

```
#include "stdio.h"
#include "conio.h"
#include "string.h"
#define N  50
#define M 5
void file();              /*函数声明*/
void create_file();
void load_file();
void save_file();
void edit();
void append();
void deleted();
void modify();
void search();
void search_by_num();
void search_by_name();
void count();
void count_people();
void count_aver();
void count_gdbd();
void print();
void print_num();
void print_tatol();
void print_good();
void print_bad();
void print_head();
void print_record(int i);
void print_all();
void quit();
struct student            /*学生数据结构类型*/
{
```

```
    char num[7];            /*学号6位，留一位存放字符串结束标志，下同*/
    char name[11];          /*姓名10位*/
    char sex[2];            /*性别 */
    float score[M];         /*每个学生有5门成绩*/
};
typedef struct student STUDENT;
STUDENT stu[N];
char kc[M][20]={ "数　学","英　语","计算机", "政　治","体　育" };
int n=-1;
int flag=0;
/*主菜单*/
main()
{
    int select ;
    while(1)
    {
        clrscr();
        gotoxy(30,4);  printf("学生信息管理系统");
        gotoxy(30,6);  printf("1---新建、导入、保存文件");
        gotoxy(30,8);  printf("2---学生信息库维护");
        gotoxy(30,10); printf("3---学生信息查询");
        gotoxy(30,12); printf("4---学生信息统计");
        gotoxy(30,14); printf("5---学生信息输出");
        gotoxy(30,16); printf("0---结束");
        gotoxy(30,18); printf("请输入您的选择 (0-5) : ");
        scanf("%d",&select);
        switch(select)
        {
            case 1: file();   break;
            case 2: edit();   break;
            case 3: search(); break;
            case 4: count();  break;
            case 5: print();  break;
            case 0: quit();   break;
            default: printf("输入错误，请重新输入！" );
            getch();
        }
    }
}
/*系统退出模块*/
void quit()
{
    if(flag==1)
    {
        clrscr();
        printf("\n学生信息库已经修改过，在退出之前需要执行保存学生信息文件！");
        getch();
    }
    else
    {
```

```
        gotoxy(12,25);printf("程序结束!谢谢使用!");
        exit(0);}
   }
/*新建、导入、保存文件---子菜单*/
void file()
{
   int select;
   while(1)
   {
      clrscr();
      gotoxy(28,4);   printf("新建、导入、保存文件");
      gotoxy(30,6);   printf("1---新建学生信息文件");
      gotoxy(30,8);   printf("2---导入学生信息文件");
      gotoxy(30,10);  printf("3---保存学生信息文件");
      gotoxy(30,12);  printf("0---返    回");
      gotoxy(30,14);  printf("请输入您的选择 (0-3) : ");
      scanf("%d",&select);
      switch(select)
      {
         case 1: create_file();break;
         case 2: load_file();break;
         case 3: save_file();break;
         case 0: return ;
         default: printf("输入错误，请重新输入! " );
         getch();
      }
   }
}
/*新建一个空的学生数据文件*/
void create_file()
{
   FILE *fp;   /*定义文件指针变量*/
   if((fp=fopen("stu_data","wb"))==NULL) /*打开或建立文件*/
   {
      printf("\n\t 不能建立文件! 按任意键继续......");
      getch();
      return ;
   }
   printf("\n\t 文件建立成功! 要输入数据请选择\"添加学生信息\"。");
   printf("\n\t 按任意键继续......");
   getch();
   n=0;
   fclose(fp);   /*关闭文件*/
   return;
}
/*导入学生数据文件*/
void load_file()
{
   FILE *fp;      /*定义文件指针变量*/
   int i=0;       /*读文件时，i 用来统计读入的记录个数*/
```

```
    if(n!=-1)
    {
        printf("\n\t 文件已经导入。\n\t 按任意键继续……");
        getch();
        return;
    }
    if((fp=fopen("stu_data", "rb"))==NULL)   /*打开文件*/
    {
        printf("\n\t 打不开文件! ps[k].female");
        n=-1;
        getch();
        return;
    }
    while(fread(&stu[i],sizeof(STUDENT),1,fp)==1) i++;   /*读取文件*/
    n=i;
    printf("\n\t 导入结束，共导入%d 个学生数据。 \n\t 按任意键继续……", i);
    fclose(fp);    /*关闭文件*/
    getch();
    return ;
}
/*保存学生数据文件*/
void save_file()
{
    FILE *fp;
    int i;
    if((fp=fopen("stu_data","wb"))==NULL)
    {
        printf("\n\t 打不开文件! 按任意键继续……");
        getch();
        return;
    }
    for(i=0;i<n;i++)
        fwrite(&stu[i],sizeof(STUDENT),1,fp);
    printf("\n\t 存盘成功。按任意键继续……");
    flag=0;
    fclose(fp);
    getch();
}
/*学生信息库维护---子菜单*/
void edit()
{
    int select;
    if(n==-1)
    {
        printf("未导入数据，请先导入学生信息库");
        getch();
        return;
    }
    while(1)
    {
```

```
   clrscr();
   gotoxy(30,4);    printf("学生信息库维护");
   gotoxy(30,6);    printf("1---添加学生信息");
   gotoxy(30,8);    printf("2---删除学生信息");
   gotoxy(30,10);   printf("3---修改学生信息");
   gotoxy(30,12);   printf("0---返     回");
   gotoxy(30,16);   printf("请输入您的选择 (0-3) : ");
   scanf("%d",&select);
   switch(select)
   {
      case 1: append();break;
      case 2: deleted();break;
      case 3: modify();break;
      case 0: return ;
      default: printf("输入错误，请重新输入! " );
      getch();
   }
   }
}
/*添加学生记录函数*/
void append()
{
   int i,j,k;
   char c;
   clrscr();
   printf("请输入你要添加的学生记录个数: ");
   scanf("%d",&k);
   for(i=n;i<n+k;i++)
   {
      clrscr();
      printf("请输入第%d个学生数据: \n",i-n+1);
      printf("学号: ");
      scanf("%s",stu[i].num);
      printf("姓名: ");
      scanf("%s",stu[i].name);
      printf("性别: ");
      scanf("%s",stu[i].sex);
      printf("%d门课程的成绩: \n",M);
      for(j=0;j<M;j++)
      {
         printf("%s: ",kc[j]);
         scanf("%f",&stu[i].score[j]);
      }
   }
   printf("\n\t 添加完毕，现在学生信息库中共有%d条记录。\n",n+k);
   n+=k;                    /*学生信息库记录数更新*/
   if(k>0) flag=1;          /*学生信息库内容有变化*/
   getch();
   return ;
}
```

```
/*删除学生记录函数*/
void deleted()
{
   char num[7];
   int i,j;
   char sele;
   printf("请输入你要删除的学生的学号: ");
   scanf("%s",num);
   for(i=0;i<n;i++)            /*查找匹配的记录*/
      if(strcmp(stu[i].num,num)==0) break;
   if(i==n)
      printf("没有此学号");
   else
   {
      printf("学号: %s 姓名: %s 性别: %s\n ",stu[i].num,stu[i].name,stu[i].sex);
      printf("\n 确实要删除这个学生的数据吗? (Y/N): ");
      scanf("%c%c",&sele,&sele);
      if( sele=='Y'||sele=='y')
      {
         for(j=i+1;j<n;j++)
         stu[j-1]=stu[j];
         n--;
         printf("\n\t\t 删除完毕，现在共有%d 个数据。\n",n);
         flag=1;
      }
   }
   getch();
   return ;
}
/*修改学生成绩函数*/
void modify()
{
   char num[7];
   float a[M];
   int i,j;
   char sele;
   printf("请输入学号: ");
   scanf("%s",num);
   for(i=0;i<n;i++)   /*查找匹配的记录*/
      if(strcmp(stu[i].num,num)==0) break;
   if(i==n)
      printf("没有此学号! ");
   else
   {
      printf("学号: %s 姓名: %s 性别: %s\n",stu[i].num,stu[i].name,stu[i].sex);
      for(j=0;j<M;j++)
         printf("%s: %5.1f ",kc[j],stu[i].score[j]);
      printf("\n 请输入%d 门课程的新成绩: \n",M);
      for(j=0;j<M;j++)
         scanf("%f",&a[j]);
```

```
        printf("\n 确定要修改这个学生的成绩吗？（Y/N）: ");
        scanf("%c%c",&sele,&sele);
        if( sele=='Y' || sele=='y')
        {
          for(j=0; j<N; j++)
             stu[i].score[j]=a[j];
          printf("\n\t 修改完毕。");
          flag=1;
        }
        else printf("\n\t 没有修改。");
     }
   getch();
   return ;
}
/*学生信息查询---子菜单*/
void search()
{
   int select;
   if(n==-1)
   {
      printf("未导入数据，请先导入学生信息库");
      getch();
      return;
   }
   while(1)
   {
      clrscr();
      gotoxy(30,4);  printf("学生信息查询");
      gotoxy(30,6);  printf("1---按学号查询学生信息");
      gotoxy(30,8);  printf("2---按姓名查询学生信息");
      gotoxy(30,10); printf("0---返    回");
      gotoxy(30,12); printf("请输入您的选择 (0-2) : ");
      scanf("%d",&select);
      switch(select)
      {
         case 1: search_by_num();break;
         case 2: search_by_name();break;
         case 0: return;
         default: printf("输入错误，请重新输入! " );
         getch();
      }
   }
}
/*按学号查询*/
void search_by_num()
{
   char num[7];
   int i,j;
   clrscr();
   printf("请输入你要查询的学生学号: ");
```

```
    scanf("%s",num);
    for(i=0;i<n;i++)
        if(strcmp(stu[i].num,num)==0) break;
    if(i==n)        /*没找到要查询的记录*/
        printf("\n 对不起，没有相符的记录！ ");
    else
    {
        printf("你要查询的学生信息如下: \n\n");
        printf("学号: %s\n 姓名: %s\n", stu[i].num,stu[i].name);
        printf("性别: %s\n", stu[i].sex);
        printf("各门课程的成绩如下: \n");
        for(j=0;j<M;j++)
            printf("%s: %5.1f\n",kc[j], stu[i].score[j]);
        printf("\n");
    }
    printf("\n\t 按任意键返回……");
    getch();
    return;
}
/*按姓名查询*/
void search_by_name()
{
    char name[11];
    int i,count=0;
    clrscr();
    printf("请输入你要查询的学生姓名: ");
    scanf("%s",name);
    for(i=0;i<n;i++)
    {
        if(strcmp(stu[i].name, name)==0)
        {
            count++;
            if(count==1)
                print_head();    /*显示表头*/
            print_record(i);  /*显示一条记录*/
        }
    }
    if(count==0)
        printf("\n\t 对不起，没有相符的记录！ ");  /*没找到要查询的记录*/
    else
        printf("\n\t 共找到%d 个记录。",count);   /*输出找到记录总数*/
    printf("\n\t 按任意键返回……");
    getch();
}
/*学生信息统计---子菜单*/
void count()
{
    int select;
    if(n==-1)
    {
```

```
            printf("未导入数据，请先导入学生信息库");
            getch();
            return;
        }
      while(1)
      {
         clrscr();
         gotoxy(30,4);   printf("学 生 信 息 统 计");
         gotoxy(30,6);   printf("1---班级男女生人数");
         gotoxy(30,8);   printf("2---统计各门课的平均成绩");
         gotoxy(30,10);  printf("3---统计各门课优秀的人数和不及格人数");
         gotoxy(30,14);  printf("0---返    回");
         gotoxy(30,16);  printf("请输入您的选择 (0-3)： ");
         scanf("%d",&select);
         switch(select)
         {
            case 1: count_people();break;
            case 2: count_aver();break;
            case 3: count_gdbd();break;
            case 0: return;
            default: printf("输入错误，请重新输入! " );
            getch();
         }
      }
}
/*统计班级男女生人数*/
void count_people()
{
   int i,f=0,m=0;
   clrscr();
   for(i=0;i<n;i++)
      if(strcmp(stu[i].sex,"男")==0)
         f++;
      else
         m++;
    printf("本班男生人数为:%d，女生人数为:%d\n",f,m);
    gotoxy(10,10);
    printf("按任意键返回");
    getch();
}
/*统计各门课的平均成绩*/
void count_aver()
{
   float av[5];
   int i,j;
   clrscr();
   for(j=0;j<M;j++)
   {
      av[j]=0;
      for(i=0;i<n;i++)
```

```
        av[j]+=stu[i].score[j];
        av[j]/=i;
    }
    printf("各门课的平均成绩为: \n");
    for(j=0;j<M;j++)
        printf("%s %.2f\n",kc[j],av[j]);
    gotoxy(10,10);
    printf("按任意键返回");
    getch();
}
/*统计各门课优秀人数和不及格人数*/
void count_gdbd()
{
    int i,j,gd,bd ;
    clrscr();
    for(j=0;j<M;j++)
    {
      gd=0;bd=0;
      for(i=0;i<n;i++)
      {
        if(stu[i].score[j]>=90)
            gd++;
        if(stu[i].score[j]<60)
            bd++;
      }
      printf("%s 优秀人数为: %d,不及格人数为: %d\n",kc[j],gd,bd);
    }
    gotoxy(10,10);
    printf("按任意键返回");
    getch();
}
/*学生信息输出---子菜单*/
void print()
{
  int select;
  if(n==-1)
  { printf("未导入数据,请先导入学生信息库"); getch(); return;}
  while(1)
  {
    clrscr();
    gotoxy(30,4);    printf("学生信息报表");
    gotoxy(30,6);    printf("1---按学号顺序输出学生信息");
    gotoxy(30,8);    printf("2---按总分顺序输出学生信息");
    gotoxy(30,10);   printf("3---输出有优秀成绩的学生信息");
    gotoxy(30,12);   printf("4---输出有不及格成绩的学生信息");
    gotoxy(30,14);   printf("0---返    回");
    gotoxy(30,16);   printf("请输入您的选择 (0-4) : ");
    scanf("%d",&select);
    switch(select)
    {
```

```
        case 1: print_num();break;
        case 2: print_tatol();break;
        case 3: print_good();break;
        case 4: print_bad();break;
        case 0: return;
        default: printf("输入错误，请重新输入! " );
        getch();
    }
  }
}
/*按学号顺序输出*/
void print_num()
{
  STUDENT temp;            /*定义一个结构临时变量，用于排序时交换两个学生的数据信息*/
  int i,j,k;
  clrscr();
  for(i=0;i<n-1;i++)        /*用选择排序法对学号按进行升序排序*/
  {
    k=i;
    for(j=i;j<n;j++)
    {
      if(strcmp(stu[j].num,stu[k].num)<0)  k=j;
    }
    if(k!=i)
    {
      temp=stu[i];
      stu[i]=stu[k];
      stu[k]=temp;
    }
  }
  print_all();
}
/*按总分顺序输出*/
void print_tatol()
{
  STUDENT temp;          /*定义一个结构临时变量，用于排序时交换两个学生的数据信息*/
  int i,j,k;
  float sum1,sum2;     /*用于存放相邻两个记录的总成绩*/
  clrscr();
  for(i=0;i<n-1;i++) /*用冒泡排序法对学号按进行降序排序*/
  {
    for(j=0;j<n-1-i;j++)
    {
      for(k=0,sum1=0;k<M;k++)
        sum1+=stu[j].score[k];   /*求相邻两个记录的总成绩*/
      for(k=0,sum2=0;k<M;k++)
        sum2+=stu[j+1].score[k];
      if(sum1<sum2)
      {
        temp=stu[j];
```

```
            stu[j]=stu[j+1];
            stu[j+1]=temp;
        }
      }
    }
    print_all();
}
/*输出各门课均优秀成绩的学生信息*/
void print_good()
{
   int i,j,count;
   clrscr();
   for(i=0;i<n;i++)
   {
       count=0;
       for(j=0;j<M;j++)
        if(stu[i].score[j]>=90)
       {
          count++;
          if(count==5)          /*5门课均优秀*/
          {
             print_head();      /*显示表头*/
             print_record(i);   /*显示当前记录信息*/
          }
       }
   }
   if(count<5)
      printf("\n没有各门课均优秀的学生");
   gotoxy(10,25); printf("按任意键返回……");
   getch();
}
/*输出有不及格成绩的学生信息*/
void print_bad()
{
   int i,j,count=0;
   clrscr();
   for(i=0;i<n;i++)
      for(j=0;j<M;j++)
         if(stu[i].score[j]<60)
         {
            count++;
            if(count==1)          /*5门课均优秀*/
               print_head();      /*显示表头*/
            print_record(i);      /*显示当前记录信息*/
            break;
         }
      if(count==0)
         printf("\n没有成绩不及格的学生");
    gotoxy(10,25); printf("按任意键返回……");
   getch();
```

```
}
/*显示表头*/
void print_head()
{
    int j;
    printf("学号   姓名   性别  ");
     for(j=0;j<M;j++)
      printf("%-8s", kc[j]);
    printf("总分\n");
    for(j=0;j<78;j++)
    printf("*");
    printf("\n"};
    }
/*列表显示第 i 个学生信息*/
void print_record(int i)
{
    int j;
    float sum=0;
    printf("%s   %s   %s ",stu[i].num,stu[i].name,stu[i].sex);
    for(j=0;j<M;j++)
      {
      printf("%8.1f",stu[i].score[j]);
      sum+=stu[i].score[j];
      }
      printf("%7.1f",sum);
      printf("\n");
}
/*列表显示所有学生信息*/
void print_all()
{
    int i;
    for(i=0;i<n;i++)
    {
      if(i%20==0)
        print_head();
      print_record(i);
      if((i+1)%20==0||i==n-1)
      {
        gotoxy(10,25);
        puts("按任意键继续……");
        getch();
      }
    }
}
```

模拟训练

对"通讯录管理系统"添加数据信息输出的相关函数，并调试运行。

习　题

一、选择题

1. 定义结构体的关键字是 (　　　)。

    A. union　　　　　　B. enum　　　　　　　　C. struct　　　　　　　　D. typedef

2. 当定义一个结构体变量时，系统分配给它的内存是 (　　　　)。

    A. 各成员所需内存量的总和

    B. 结构中第一个成员所需内存量

    C. 结构中最后一个成员所需内存量

    D. 成员中占内存量最大者所需的容量

3. 设有如下定义：

```
struct sk {int a; float b;} data,*p;
```

    若要使 p 指向 data 中的 a 域，则正确的赋值语句是 (　　　　)。

    A. p=(struct sk*)&data.a;　　　　　　B. p=(struct sk*) data.a;

    C. p=&data.a;　　　　　　　　　　　D. *p=data.a;

4. 结构体类型的定义允许嵌套是指 (　　　)。

    A. 成员是已经或正在定义的结构体型　　B. 成员可以重名

    C. 结构体型可以派生　　　　　　　　　D. 定义多个结构体型

5. 对结构体类型的变量的成员的访问，无论数据类型如何都可使用的运算符是 (　　　　)。

    A. .　　　　　　　　B. ->　　　　　　　C. *　　　　　　　　D. &

6. 相同结构体类型的变量之间，可以 (　　　)。

    A. 相加　　　　　　B. 赋值　　　　　　C. 比较大小　　　　　D. 地址相同

7. C 语言结构体类型变量在程序执行期间 (　　　)。

    A. 所有成员一直驻留在内存中　　　　B. 只有一个成员驻留在内存中

    C. 部分成员驻留在内存中　　　　　　D. 没有成员驻留在内存中

8. 当说明一个结构体变量时系统分配给它的内存是 (　　　)。

    A. 各成员所需内存量的总和　　　　　B. 结构中第一个成员所需内存量

    C. 成员中占内存量最大者所需的容量　D. 结构中最后一个成员所需内存量

9. fwrite 函数的一般调用形式是 (　　　)。

    A. fwrite(buffer,count,size,fp);　　　　　B. fwrite(fp,size,count,buffer);

    C. fwrite(fp,count,size,buffer);　　　　　D. fwrite(buffer,size,count,fp);

10. 对于 fread(buffer,size,count,fp);，其中 buffer 代表的是 (　　　)。

    A. 一个整数，代表要读入的数据项总数　B. 一个文件指针，指向要读的文件

    C. 一个指针，指向要读入数据的存放地址 D. 一个存储区，存放要读的数据项

二、程序改错（改正程序中/**********FOUND*********/下面一行中的错误之处）

功能：将若干学生的档案存放在一个文件中，并显示其内容。

```
#include <stdio.h>
```

```
struct student
{
  int num;
  char name[10];
  int age;
};
struct student stu[3]={{001,"Li Mei",18},
                {002,"Ji Hua",19},
                {003,"Sun Hao",18}};
void main()
{
  /**********FOUND**********/
  struct student p;
  /**********FOUND**********/
  cfile fp;
  int i;
  if((fp=fopen("stu_list","wb"))==NULL)
  {
    printf("cannot open file\n");
    return;
  }
  /**********FOUND**********/
  for(*p=stu;p<stu+3;p++)
    fwrite(p,sizeof(struct student),1,fp);
  fclose(fp);
  fp=fopen("stu_list","rb");
  printf(" No.  Name    age\n");
  for(i=1;i<=3;i++)
  {
    fread(p,sizeof(struct student),1,fp);
    /**********FOUND**********/
    scanf("%4d %-10s %4d\n",*p.num,p->name,(*p).age);
  }
  fclose(fp);
}
```

附 录

附录 A　常用字符与 ASCII 码对照表

ASCII 码	控制字符	ASCII 码	字　　符	ASCII 码	字　　符	ASCII 码	字　　符
0	NUL	32	SP	64	@	96	`
1	SOH	33	!	65	A	97	a
2	STX	34	"	66	B	98	b
3	ETX	35	#	67	C	99	c
4	EOT	36	$	68	D	100	d
5	ENQ	37	%	69	E	101	e
6	ACK	38	&	70	F	102	f
7	BEL	39	'	71	G	103	g
8	BS	40	(	72	H	104	h
9	HT	41	)	73	I	105	i
10	NL	42	*	74	J	106	j
11	VT	43	+	75	K	107	k
12	FF	44	,	76	L	108	l
13	CR	45	–	77	M	109	m
14	SO	46	.	78	N	110	n
15	SI	47	/	79	O	111	o
16	DLE	48	0	80	P	112	p
17	DC1	49	1	81	Q	113	q
18	DC2	50	2	82	R	114	r
19	DC3	51	3	83	S	115	s
20	DC4	52	4	84	T	116	t
21	NAK	53	5	85	U	117	u
22	SYN	54	6	86	V	118	v
23	ETB	55	7	87	W	119	w
24	CAN	56	8	88	X	120	x
25	EM	57	9	89	Y	121	y
26	SUB	58	:	90	Z	122	z
27	ESC	59	;	91	[	123	{
28	FS	60	<	92	\	124	|
29	GS	61	=	93	]	125	}
30	RS	62	>	94	^	126	~
31	US	63	?	95	_	127	DEL

注：上表给出了十进制 0～127 的标准 ASCII 值及其对应的字符。

附录 B　运算符的优先级和结合性

优先级	运算符	含　义	运算对象个数	结合性
1	（ ）	圆括号。最高优先级	—	自左至右
	[ ]	下标运算符		
	->	指向结构体或共用体成员运算符		
	.	引用结构体或共用体成员运算符		
2	!	逻辑非	1（单目运算符）	自右至左
	~	按位取反		
	++	自增运算符		
	--	自减运算符		
	-	符号运算符		
	(数据类型)	强制类型转换		
	*	指针运算符		
	&	取地址运算符		
	sizeof	长度运算符		
3	*	乘法运算符	2（双目运算符）	自左至右
	/	除法运算符		
	%	求余数运算符		
4	+	加法		
	-	减法		
5	<<	左移位运算符		
	>>	右移位运算符		
6	<、<=、>、>=	关系运算符		
7	==	等于		
	!=	不等于		
8	&	按位与		
9	^	按位异或		
10			按位或		
11	&&	逻辑与		
12	||	逻辑或		
13	?:	条件运算符	3（三目运算符）	自右至左
14	=、+=、-=、*=、/=、%=、>=、<=、&=、|=、^=	赋值运算符	2（双目运算符）	自右至左
15	,	逗号运算符	—	自左至右

附录 C C语言中的关键字

类 型	关键字	含 义	类 型	关键字	含 义
数据类型（12个）	char	声明字符型变量或函数	控制语句（12个）	for	for 循环语句
	double	声明双精度变量或函数		do	do...while 循环语句
	enum	声明枚举类型		while	while 循环语句
	float	声明单精度变量或函数		break	结束本层循环或 switch
	int	声明整型变量或函数		continue	结束本次循环
	long	声明长整型变量或函数		if	条件语句
	short	声明短整型变量或函数		else	条件否定（与 if 连用）
	signed	声明有符号类型变量或函数		goto	无条件转移语句
	struct	声明结构体变量或函数		switch	用于开关语句
	union	声明共用体类型		case	开关语句分支
	unsigned	声明无符号类型变量或函数		default	开关语句的其他分支
	void	声明函数无返回值或无参数，声明无类型指针		return	函数返回语句
存储类型（4个）	auto	声明自动变量	其他（4个）	const	声明符号常量
	exterm	声明外部变量或函数		sizeof	计算数据类型长度
	register	声明寄存器变量		typedef	给数据类型取别名
	atatic	声明静态变量或函数		volatile	说明变量在程序执行中可被隐含地改变

附录 D 常用 C 语言库函数

1. 常用数学函数

函 数 原 型	函 数 功 能	备 注
double sin(double x)	$\sin x$	
double cos(double x)	$\cos x$	x 为弧度
double tan(double x)	$\tan x$	
double exp(double x)	e^x	
double pow(double x,double y)	x^y	
double log (double x)	$\ln x$	
double log10(double x)	$\log_{10} x$	
double sqrt(double x)	$\sqrt{x}$	$x \geq 0$
double fabs (double x)	$|x|$（双精度）	

（注：以上函数均包含在头文件 math.h 中）

2．常用文本模式下的函数

函 数 名	原　型	头文件	功　能
atof()	double atof(char *str)	stdlib.h	将字符串转换为一个双精度值
atoi()	int atoi(char *str)	stdlib.h	将字符串转换为一个整型值
bioskey()	bioskey(int cmd)	bios.h	键盘接收
clrscr()	void clrscr(void)	conio.h	清除文本模式窗口内容（清屏幕）
cprintf()	int cprintf(const char *str)	conio.h	在屏幕的文本窗口中格式化输出
delay()	void delay(x)	dos.h	暂停执行 x 毫秒
exit()	void exit(int status)	stdio.h	终止程序执行
getch()	int getch(void)	conio.h	从键盘读取一个字符
gotoxy()	void gotoxy(int x,int y)	conio.h	将光标定位到第 y 行第 x 列位置上
gettext()	int gettext(int left,int to,int right,int bottom,void *save)	conio.h	将屏幕指定位置的文本复制到内存中
puttext()	int puttext(int left,int top,int bottom,void *save)	conio.h	将内存中的文本复制到屏幕上
strcpy()	void *strcpy(char*dest,char *src,unsigned count)	string.h mem.h	从 str 所指的字符串中复制 count 个字符到 dest 所指定的数组
putch()	int putch(char ch)	conio.h	将 ch 所表示的字符写到屏幕
randomize()	void randomize()	stdlib.h	随机数初始化生成器
random()	int random(int n)	stdlib.h	返回一个 0～n-1 之间的整数
sprintf()	int sprintf(char *buf,char *format,arg_list)	stdio.h	格式化输出到 buf 所指向的数组中
textcolor()	void textcolor(int color)	conio.h	选择文本模式下字符的新颜色
textbackground()	void textbackground(int color)	conio.h	文本新的背景色
textmode()	void textmode(int mode)	conio.h	更改文本模式下的屏幕模式
window()	int window(int left,int top,int right,int bottom)	conio.h	定义激活的文本模式窗口

3．图形模式下的函数

函 数 名	原　型	函 数 功 能
line()	line(int x1,int y1,int x2,int y2)	在两点之间画一条线
circle()	circle(int x,int y,int r)	通过给定的圆心和半径画圆
rectangle()	void far rectangle(int left,int top,int right,int bottom)	从左上角顶点到右下角顶点画矩形
setcolor()	void far setcolor(color)	设置当前画笔颜色
setbkcolor()	void far setbkcolor(colot)	设置背景色
cleardevice()	void far cleardevice(void)	清除图形画面
setfillstyle()	void far setfillstyle(int parrern,int color)	设置填充模式下的填充样式和颜色
bar()	void far bar(int left,int top,int right,int bottom)	画填充矩形
fillellipse()	void far fillellipse(int x,int y,int xradius,int yradius)	以(x,y)为圆心，xradius 为横轴半径，yradius 为纵轴半径画填充的椭圆
putpixel()	void far putpixel(int x,int y,int color)	在指定位置上画一个像素点
settextstyle()	void far settextstyle(int font,int dirction,int charsize)	设置当前文本属性
outtextxy()	void far outtextxy(int x,int y,char far *string)	在指定位置上输出一个字符串
imagesize()	unsigned far imagesize(int left,int top,int right,int bottom)	返回存储位图所需的字节数
getimage()	void far getimage(int left,int top,int right,int bottom,void *bitmap)	将指定区域的位图保存到内存中
putimage(0	void far putimage(int left,int top,void far *bitmap,int top)	在屏幕上输出一幅位图
grapherrormsg()	char far *grapherrormsg(int errcode)	返回指向 errcode 的错误信息指针

函 数 名	原 型	函 数 功 能
getpalette()	void far getpalette(struct palettetype far *pal)	将当前调色板的信息装入有 pal 所指向的结构中
getmaxcolor()	int far getmaxcolor(void)	返回最大有效颜色值
getmaxx()	int far getmaxx(void)	返回当前图形模式的最大有效 x 值
getmaxy()	int far getmaxy(void)	返回当前图形模式的最大有效 y 值
getaspectratio()	void far getaspectratio(int far *xasp,int far *yasp)	把 x 纵横比复制到由 xasp 所指向的变量中，把 y 纵横比复制到 yasp 所指向的变量中
setviewport()	void far setviewport(int left,int top,int right,int bottom,int clip)	按指定的坐标建一个新的窗口
settextjustify()	void far settextjustify(int horize,int vert)	设置字符排列方式,可以是水平方向向左、中间、右对齐,垂直方向向下、中间、上对齐
textheight()	Int far textheight(char far *str)	以像素为单位返回有 str 所指向的字符串高度,它是针对当前字符的字体及大小的

注：以上所有函数原型在头文件 graphics.h 中。

附录 E C语言常见错误处理

Turbo C 的源程序错误分为三种类型：致命错误、一般错误和警告。其中，致命错误通常是内部编译出错；一般错误指程序的语法错误、磁盘或内存存取错误或命令行错误等；警告则只是指出一些值得怀疑的情况，它并不防止编译的进行。

下面按字母顺序 A～Z 分别列出致命错误、一般错误信息英汉对照及处理方法。

1. 致命错误

（1）Bad call of in-line function（内部函数非法调用）

分析与处理：在使用一个宏定义的内部函数时，没能正确调用。一个内部函数以两个下画线（＿＿）开始和结束。

（2）Irreducable expression tree（不可约表达式树）

分析与处理：这种错误指的是文件行中的表达式太复杂，使得代码生成程序无法为它生成代码。这种表达式必须避免使用。

（3）Register allocation failure（存储器分配失败）

分析与处理：这种错误指的是文件行中的表达式太复杂，代码生成程序无法为它生成代码。此时应简化这种繁杂的表达式或干脆避免使用。

2. 一般错误信息

（1）#operator not followed by maco argument name（#运算符后未跟宏变量名）

分析与处理：在宏定义中，#用于标识一宏变量名。"#"号后必须跟一个宏变量名。

（2）'xxxxxx' not anargument（'xxxxxx'不是函数参数）

分析与处理：在源程序中将该标识符定义为一个函数参数，但此标识符没有在函数中出现。

（3）Ambiguous symbol 'xxxxxx'（二义性符号'xxxxxx'）

分析与处理：两个或多个结构的某一域名相同，但具有的偏移、类型不同。在变量或表达式中引用该域而未带结构名时，会产生二义性，此时需修改某个域名或在引用时加上结构名。

（4）Argument # missing name（参数#名丢失）

分析与处理：参数名已脱离用于定义函数的函数原型。如果函数以原型定义，该函数必须包含所有的参数名。

（5）Argument list syntax error（参数表出现语法错误）

分析与处理：函数调用的参数间必须以逗号隔开，并以一个右括号结束。若源文件中含有一个其后不是逗号也不是右括号的参数，则出错。

（6）Array bounds missing（数组的界限符"]"丢失）

分析与处理：在源文件中定义了一个数组，但此数组没有以下右方括号结束。

（7）Array size too large（数组太大）

分析与处理：定义的数组太大，超过了可用内存空间。

（8）Assembler statement too long（汇编语句太长）

分析与处理：内部汇编语句最长不能超过 480B。

（9）Bad configuration file（配置文件不正确）

分析与处理：TURBOC.cfg 配置文件中包含的不是合适命令行选择项的非注解文字。配置文件命令选择项必须以一个短横线开始。

（10）Bad file name format in include directive（包含指令中文件名格式不正确）

分析与处理：包含文件名必须用引号（"filename.h"）或尖括号（<filename>）括起来，否则将产生本类错误。如果使用了宏，则产生的扩展文本也不正确，因为无引号没办法识别。

（11）Bad ifdef directive syntax（ifdef 指令语法错误）

分析与处理：#ifdef 必须以单个标识符（只此一个）作为该指令的体。

（12）Bad ifndef directive syntax（ifndef 指令语法错误）

分析与处理：#ifndef 必须以单个标识符（只此一个）作为该指令的体。

（13）Bad undef directive syntax（undef 指令语法错误）

分析与处理：#undef 指令必须以单个标识符（只此一个）作为该指令的体。

（14）Bad file size syntax（位字段长语法错误）

分析与处理：一个位字段长必须是 1～16 位的常量表达式。

（15）Call of non-functin（调用未定义函数）

分析与处理：正被调用的函数无定义，通常是由于不正确的函数声明或函数名拼错而造成。

（16）Cannot modify a const object（不能修改一个常量对象）

分析与处理：对定义为常量的对象进行不合法操作（如常量赋值）引起本错误。

（17）Case outside of switch（case 出现在 switch 外）

分析与处理：编译程序发现 case 语句出现在 switch 语句之外，这类故障通常是由于括号不匹配造成的。

（18）Case statement missing（case 语句漏掉）

分析与处理：case 语句必须包含一个以冒号结束的常量表达式，如果漏了冒号或在冒号前多了其他符号，则会出现此类错误。

（19）Character constant too long（字符常量太长）

分析与处理：字符常量的长度通常只能是一个或两个字符长，超过此长度则会出现这种错误。

（20）Compound statement missing（漏掉复合语句）

分析与处理：编译程序扫描到源文件末时，未发现结束符号（花括号），此类故障通常是由于大括号不匹配所致。

（21）Conflicting type modifiers（类型修饰符冲突）

分析与处理：对同一指针，只能指定一种变址修饰符（如 near 或 far）；而对于同一函数，也只能给出一种语言修饰符（如 cdecl、pascal 或 interrupt）。

（22）Constant expression required（需要常量表达式）

分析与处理：数组的大小必须是常量，本错误通常是由于#define 常量的拼写错误引起。

（23）Could not find file 'xxxxxx.xxx'（找不到'xxxxxx.xx'文件）

分析与处理：编译程序找不到命令行上给出的文件。

（24）Declaration missing（漏掉了说明）

分析与处理：当源文件中包含了一个 struct 或 union 域声明，而后面漏掉了分号，则会出现此类错误。

（25）Declaration needs type or storage class（说明必须给出类型或存储类）

分析与处理：正确的变量说明必须指出变量类型，否则会出现此类错误。

（26）Declaration syntax error（说明出现语法错误）

分析与处理：在源文件中，若某个说明丢失了某些符号或输入多余的符号，则会出现此类错误。

（27）Default outside of switch（default 语句在 switch 语句外出现）

分析与处理：这类错误通常是由于括号不匹配引起的。

（28）Define directive needs an identifier（define 指令必须有一个标识符）

分析与处理：#define 后面的第一个非空格符必须是一个标识符，若该位置出现其他字符，则会引起此类错误。

（29）Division by zero（除数为零）

分析与处理：当源文件的常量表达式出现除数为零的情况，则会造成此类错误。

（30）Do statement must have while（do 语句中必须有 While 关键字）

分析与处理：若源文件中包含了一个无 while 关键字的 do 语句，则出现本错误。

（31）Do while statement missing（（do...while 语句中漏掉了符号"（"）

分析与处理：在 do 语句中，若 while 关键字后无左括号，则出现本错误。

（32）Do while statement missing;（do...while 语句中掉了分号）

分析与处理：在 do...while 语句的条件表达式中，若右括号后面无分号则出现此类错误。

（33）Duplicate case（case 情况不唯一）

分析与处理：switch 语句的每个 case 必须有一个唯一的常量表达式值。否则导致此类错误发生。

（34）Enum syntax error（Enum 语法错误）

分析与处理：若 enum 说明的标识符表格式不对，将会引起此类错误发生。

（35）Enumeration constant syntax error（枚举常量语法错误）

分析与处理：若赋给 enum 类型变量的表达式值不为常量，则会导致此类错误发生。

（36）Error directive : xxxx（Error 指令：xxxx）

分析与处理：源文件处理#error 指令时，显示该指令指出的信息。

（37）Error writing output file（写输出文件错误）

分析与处理：这类错误通常是由于磁盘空间已满，无法进行写入操作而造成。

（38）Expression syntax error （表达式语法错误）

分析与处理：本错误通常是由于出现两个连续的操作符，括号不匹配或缺少括号、前一语句漏掉了分号引起的。

（39）Extra parameter in call（调用时出现多余参数）

分析与处理：本错误是调用函数时，其实际参数个数多于函数定义中的参数个数所致。

（40）Extra parameter in call to xxxxxx（调用 xxxxxx 函数时出现了多余参数）

（41）File name too long（文件名太长）

分析与处理：#include 指令给出的文件名太长，致使编译程序无法处理，则会出现此类错误。通常 DOS 下的文件名长度不能超过 64 个字符。

（42）For statement missing)（For 语句缺少")"）

分析与处理：在 for 语句中，如果控制表达式后缺少右括号，则会出现此类错误。

（43）For statement missing (（For 语句缺少"("）

（44）For statement missing;（For 语句缺少";"）

分析与处理：在 for 语句中，当某个表达式后缺少分号，则会出现此类错误。

（45）Function call missing)（函数调用缺少")"）

分析与处理：如果函数调用的参数表漏掉了右括号或括号不匹配，则会出现此类错误。

（46）Function definition out ofplace（函数定义位置错误）

（47）Function doesn't take a variable number of argument（函数不接受可变的参数个数）

（48）Goto statement missing label（goto 语句缺少标号）

（49）If statement missing (（if 语句缺少"("）

（50）If statement missing)（if 语句缺少")"）

（51）Illegal initalization（非法初始化）

（52）Illegal octal digit（非法八进制数）

分析与处理：此类错误通常是由于八进制常数中包含了非八进制数字所致。

（53）Illegal pointer subtraction（非法指针相减）

（54）Illegal structure operation（非法结构操作）

（55）Illegal use of floating point（浮点运算非法）

（56）Illegal use of pointer（指针使用非法）

（57）Improper use of a typedef symbol（typedef 符号使用不当）

（58）Incompatible storage class（不相容的存储类型）

（59）Incompatible type conversion（不相容的类型转换）

（60）Incorrect commadn line argument:xxxxxx（不正确的命令行参数：xxxxxx）

（61）Incorrect commadn file argument:xxxxxx（不正确的配置文件参数：xxxxxx）

（62）Incorrect number format（不正确的数据格式）

（63）Incorrect use of default（default 不正确使用）

（64）Initializer syntax error（初始化语法错误）

（65）Invaild indrection（无效的间接运算）

（66）Invalid macro argument separator（无效的宏参数分隔符）

（67）Invalid pointer addition（无效的指针相加）

（68）Invalid use of dot（点使用错）

（69）Macro argument syntax error（宏参数语法错误）

（70）Macro expansion too long（宏扩展太长）

（71）Mismatch number of parameters in definition（定义中参数个数不匹配）

（72）Misplaced break（break 位置错误）

（73）Misplaced continue（位置错）

（74）Misplaced decimal point（十进制小数点位置错）

（75）Misplaced else（else 位置错）

（76）Misplaced else driective（else 指令位置错）

（77）Misplaced endif directive（endif 指令位置错）

（78）Must be addressable（必须是可编址的）

（79）Must take address of memory location（必须是内存一地址）

（80）No file name ending（无文件终止符）

（81）No file names given（未给出文件名）

（82）Non-protable pointer assignment（对不可移植的指针赋值）

（83）Non-protable pointer comparison（不可移植的指针比较）

（84）Non-protable return type conversion（不可移植的返回类型转换）

（85）Not an allowed type（不允许的类型）

（86）Out of memory（内存不够）

（87）Pointer required on left side of（操作符左边须是一指针）

（88）Redeclaration of 'xxxxxx'（'xxxxxx'重定义）

（89）Size of structure or array not known（结构或数组大小不定）

（90）Statement missing;（语句缺少";"）

（91）Structure or union syntax error（结构或联合语法错误）

（92）Structure size too large（结构太大）

（93）Subscription missing]（下标缺少"]"）

（94）Switch statement missing (（switch 语句缺少"("）

（95）Switch statement missing)（switch 语句缺少")"）

（96）Too few parameters in call（函数调用参数太少）

（97）Too few parameter in call to'xxxxxx'（调用'xxxxxx'时参数太少）

（98）Too many cases（Cases 太多）

（99）Too many decimal points（十进制小数点太多）

（100）Too many default cases（default 太多）

（101）Too many exponents（阶码太多）

（102）Too many initializers（初始化太多）

（103）Too many storage classes in declaration（说明中存储类太多）

（104）Too many types in decleration（说明中类型太多）

（105）Too much auto memory in function（函数中自动存储太多）

（106）Too much global define in file（文件中定义的全局数据太多）

（107）Two consecutive dots（两个连续点）

（108）Type mismatch in parameter #（参数"#"类型不匹配）

（109）Type mismatch in parameter # in call to 'XXXXXXX'（调用'XXXXXXX'时参数#类型不匹配）

（110）Type missmatch in parameter 'XXXXXXX'（参数'XXXXXXX'类型不匹配）

（111）Type mismatch in parameter ' XXXXXXX' in call to 'YYYYYYY'（调用'YYYYYYY'时参数'XXXXXXXX'数型不匹配）

（112）Type mismatch in redeclaration of 'XXX'（重定义类型不匹配）

（113）Unable to creat output file 'XXXXXXXX.XXX'（不能创建输出文件'XXXXXXXX.XXX'）

（114）Unable to create turboc.lnk（不能创建 turboc.lnk）

（115）Unable to execute command 'xxxxxxxx'（不能执行'xxxxxxxx'命令）

（116）Unable to open include file 'xxxxxxx.xxx'（不能打开包含文件'xxxxxxx.xxx'）

（117）Unable to open inputfile 'xxxxxxx.xxx'（不能打开输入文件'xxxxxxx.xxx'）

（118）Undefined label 'xxxxxxx'（标号'xxxxxxx'未定义）

（119）Undefined structure 'xxxxxxxxx'（结构'xxxxxxxxxx'未定义）

（120）Undefined symbol 'xxxxxxx'（符号'xxxxxxxx'未定义）

（121）Unexpected end of file in comment started on line #（源文件在某注释中意外结束）

（122）Unexpected end of file in conditional stated on line #（源文件在#行开始的条件语句中意外结束）

（123）Unknown preprocessor directive 'xxx'（不认识的预处理指令'xxx'）

（124）Unttermimated character constant（未终结的字符常量）

（125）Unterminated string（未终结的串）

（126）Unterminated string or character constant（未终结的串或字符常量）

（127）User break（用户中断）

（128）value required（赋值请求）

（129）While statement missing（（While 语句漏掉 "("）

（130）While statement missing）（While 语句漏掉 ")"）

（131）Wrong number of arguments in of 'xxxxxxxx'（调用'xxxxxxxx'时参数个数错误）

参 考 文 献

[1] 谭浩强. C 程序设计[M]. 4 版. 北京: 清华大学出版社, 2010.

[2] 金林樵. 程序设计实例教程[M]. 北京: 机械工业出版社, 2010.

[3] 杨正校. 新概念 C 语言程序设计[M]. 南京: 河海大学出版社, 2008.

[4] 赵克林. C 语言实例教程[M]. 北京: 人民邮电出版社, 2007.

[5] BALAGURUSAMY E. 标准 C 程序设计[M]. 3 版. 金名, 张长富, 等, 译. 北京: 清华大
学出版社, 2006.